ボストン・テリア版

家庭犬の医学

いちばん役立つ
ペットシリーズ

ボステリスタイル
編集部・編

目次

7章 血液・免疫・ホルモンの病気

8章 脳・神経の病気

9章 骨・関節の病気

10章 皮膚・耳の病気

11章 感染症

12章 腫瘍

気になる症状から病気を調べる

Boston Terrier

ボストン・テリアってこんな犬

鼻ペチャの愛嬌のある容姿、タキシードを着たようなスマートなカラー。そしてエネルギッシュで陽気な性格。ボストン・テリアはとても魅力的な犬種として、日本でも人気が着々と上がっています。しかし、短頭種ならではの病気など、健康面で注意しておきたいことも多くあります。そんなボストン・テリアのための医学書が発刊されました！

知っておきたい一般的な病気はもちろん、ボストン・テリアに多い病気・注意しておきたい病気を別枠で掲載。飼い主さんが知りたい情報をまとめました。ボストン・テリアの健康管理のために、ぜひ役立ててください！

ボステリスタイル編集部

3 活発で運動量が豊富！散歩も遊びも大好き

筋肉質な体つきからもわかる通り、ボストン・テリアは活発な犬種です。すごいスピードで走り回ったり、ジャンプが得意だったりと飼い主を驚かせるほどの身体能力を誇ります。

1 愛嬌のある容姿とスマートなボディが特徴

ボストン・テリアは1870年代に米国で作出されました。つぶれた顔立ちとスマートだけど筋肉質なボディ、温和で陽気な性格から「アメリカの小さな紳士」と呼ばれています。

2 家庭犬として最適な賢さと温和さを持つ犬種

家庭犬として作出された歴史を持つため、概して性格が温和。ムダ吠えが少なく、子どもの相手も得意だといわれます。とても賢いので、トレーニングやしつけもしやすい犬種です。

ボストン・テリアの健康を守るために

愛犬の健康管理は、飼い主の手にかかっている。飼い主は彼らの健康を維持する責任と義務があるのだ。どんな病気やケガも早期発見・早期治療が何よりも大事なのは人間と変わらない。

そのために大事なのは、日々の健康チェックであり、異常にどれだけ早く気づけるかだ。まずは愛犬の〝いつもの健康な状態〟を知っておこう。普段の状態を知っておけば、異常に気がつきやすくなる。お手入れやコミュニケーションを兼ねて耳や目、口腔の様子を確認したり、全身を触ってしこりや皮膚の異常がないか確かめよう。

そして、少しでも異常を感じたら、それをメモしておくとよい。晴れ／気温21度／午後4時頃／嘔吐1回／黄色い汁が出る／吐いた後は普段通りというように、具体的に記入しておくと獣医師に伝わりやすい。足のふらつきなどは動画を撮っておくと有効だ。

愛犬の異常を早期発見するためには

1 日々のチェックを欠かさない

- お手入れをしながら、耳、目、皮膚や被毛に異常がないか
- 全身を触ってコミュニケーションを取りながら、しこりや痛みがないか
- 歩き方、走り方に異常がないか
- 食欲、水を飲む量に変化がないか
- ウンチやオシッコの量、におい、回数に変化がないか
- いつもと違う行動、しぐさが増えていないか

2 おかしいなと感じたら

- 異常を感じた点のメモを取る
- できるなら動画を撮っておくと、獣医師に伝わりやすい

いつから
どんな異常を感じるのか
頻度
起こる時間帯
異常が起こっていた長さ
天気・気温
直前の行動 など

3 信頼できるかかりつけ医を見つけておく

※詳しくは8-9ページ

〈体のチェックポイント〉

耳
いつもと違うにおいがしないか。赤くなったり、黒ずんだりしていないか。

体表
脱毛、湿疹、かぶれ、しこりがないか。体臭がきつくないか。

目
目ヤニ、過剰な涙、濁り、充血がないか。輝きがあるか。

肛門
出血、ただれ、しこりなどはないか。

鼻
鼻水や鼻汁は出ていないか。異音はしないか。

口
口臭がしないか。いつもよりヨダレが多くないか。呼吸音は正常か。

お腹
異常な膨らみはないか。

足
歩き方、走り方がいつも通りか。

動物病院の選び方

信頼できるかかりつけ医を見つけることはペットの健康のために重要だ。子犬を迎えると決めた時から、動物病院探しを始めておこう。実際に犬や猫を飼っている飼い主からの話を聞いておくとベスト。また、「鳥専門」「小動物専門」といった専門病院もあるので対象患畜を必ず確認しておくこと。

ありがちな失敗が、評判がよいからと遠方の動物病院に通ってしまうこと。愛犬の体調などで気になることがあった時、すぐに連れて行けるのか。また、いざという時、ひとりで愛犬を連れて行けるのか、などを考えておくとよい。

スタッフの雰囲気、病院が衛生的であるか、などと同時に重要視したいのが獣医師とのフィーリングだ。治療や金額の説明がわかりやすい、しっかりしているという点も合わせて「この獣医師ならば愛犬を預けたい」と感じられる相手を見つけられるのが一番だ。

動物病院を選ぶポイント

- 家から無理なく通える距離にある
- 飼い主さんからの評判がよい
- 待合室、診察室などが清潔に保たれている
- スタッフの雰囲気が明るい
- 獣医師とフィーリングが合う

動物病院は子犬が来る前に探し始めておくこと。子犬を迎えたら、まずは健康診断に連れて行こう。また、獣医師が自分と合うことも大切。動物医療では、わかりやすい説明をしてもらえるか、話をしっかり聞いてくれるか、など獣医師と飼い主がコミュニケーションを取れていることが要になる。「獣医師とフィーリングが合うか」は重要なポイントだ。

動物病院で確認しておきたいこと

- 夜間や時間外の緊急事態に対応してもらえるか、もしくは対応病院を紹介してもらえるか
- 高度な医療が必要になった場合、対応病院を紹介してもらえるか
- ペット保険が使えるか
- 診察の流れ、治療方法、医療費について、事前に説明してくれるか
- 飼い主が納得したうえで治療を進めてくれるか

時間外にケガをしたり、急に愛犬が異常を訴えることもある。そういった場合、病院で対応してもらえるのか、協力体制にある緊急病院を紹介してもらえるのか、確認しておこう。ペットにどのような治療を行うか、最終的な判断は飼い主がする。そのためには「診察の流れ、治療方法、医療費について、事前に説明してくれるか」がとても大事になる。

ボストン・テリアの体のつくり

骨格編

骨格は体の形を作り、内臓を守るために重要な役目を担っている。また、支柱となって柔らかい体の組織が崩れないように支えている。骨が全身を貫き筋肉と接続することで、運動が可能になる。これは人間も犬も同様だ。

体の中心を脊椎（背骨）が通っていて、この脊椎は椎骨と呼ばれる骨が連結して構成されている。椎骨は頸椎・胸椎・腰椎・

仙椎・尾椎に分かれている。頸椎7個、胸椎13個、腰椎7個、仙椎3個という数はどの犬種でも共通で、ボストン・テリアでも変わらない。尾椎の数はシッポの長さで異なってくる。胸椎からは、内臓を囲むように肋骨が左右に拡がっている。どの犬種でも、肋骨の数は胸椎同様13対となる。

人間との大きな違いは鎖骨。犬は体の骨と前足をつなぐ鎖骨が退化しているか、存在していても機能していない。つまり、体と前足をつなぐ関節が存在しないのだ。だから人間のように、前足を横に広げるような動きはできない。その分、前後に動かしやすく、速く走ることに長けている。走って獲物を追いかける犬の狩猟スタイルが、骨格にも現れているのだ。狩猟犬の歴史を持っておらず、家庭犬として作出された犬種でも、それは同様となる。

ボストン・テリアは一見細く華奢のように見えるが、骨はしっかりしていてバランスのよい体つきをしているのが特徴だ。

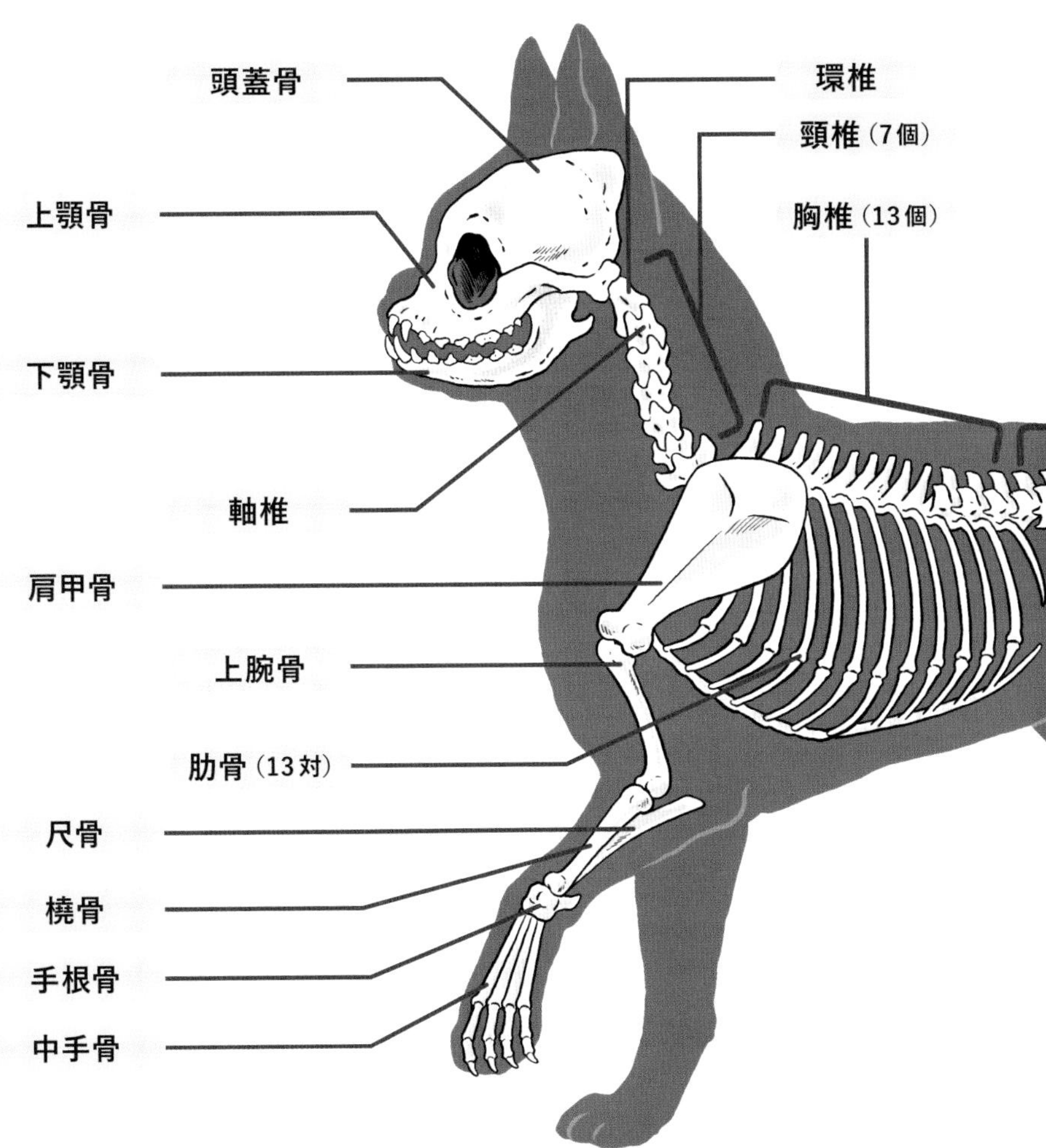

ボストン・テリアの体のつくり

内臓編

一般的に内臓には消化器・呼吸器・泌尿器・生殖器・内分泌器がある。その他、内臓には区分しないが、心臓や脳も体の内部にある器官だ。

消化器には、口から摂取した食べ物を消化し栄養素を取り込み、残りを排泄する役割がある。口腔・食道・胃・小腸・大腸というつながった管状の消化管と、消化液を分泌する唾液腺・肝臓・膵臓が含まれる。

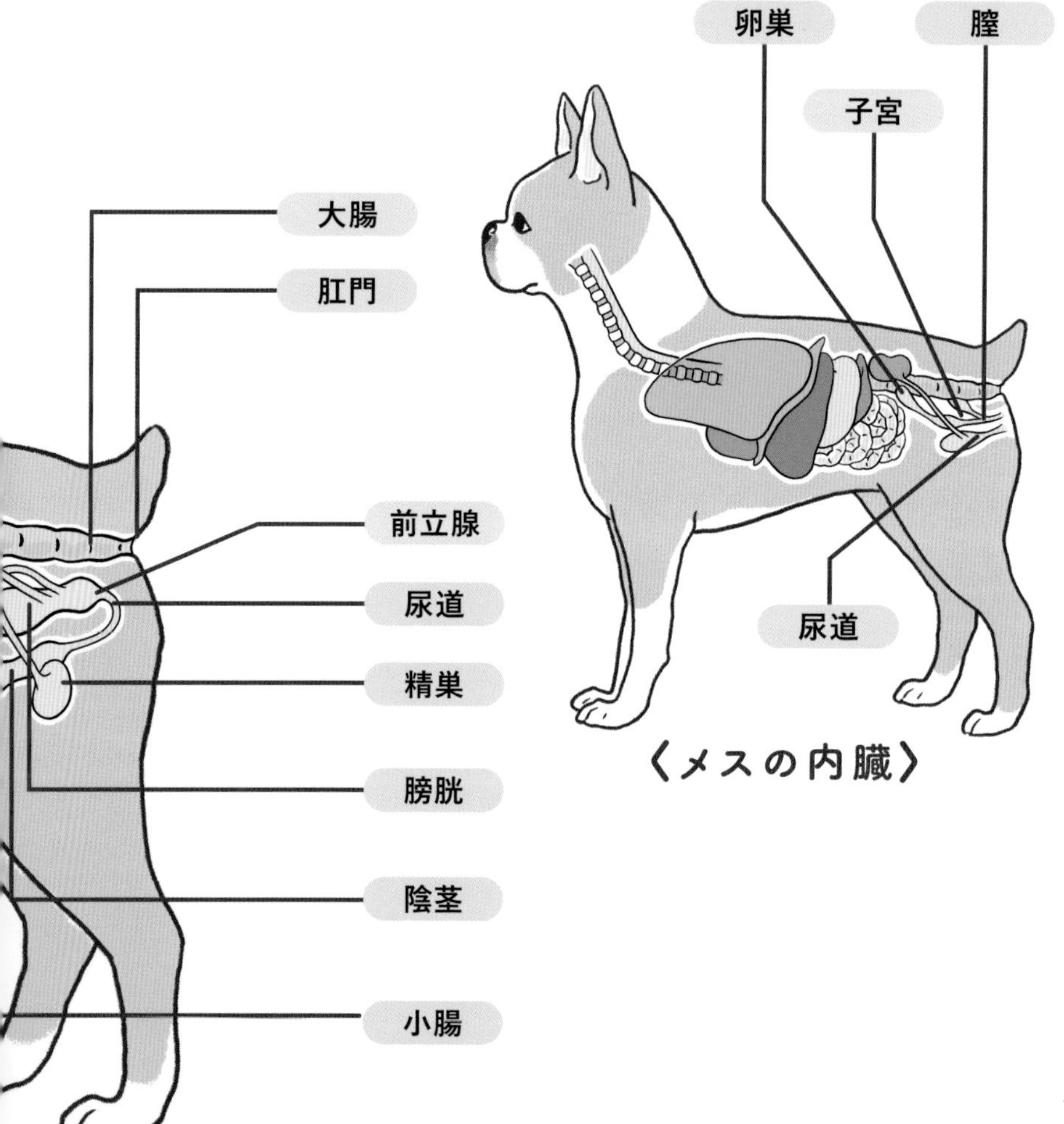

〈メスの内臓〉

呼吸器は、取り入れた酸素を肺に運ぶと同時に、体内で作られた二酸化炭素を排出する。鼻腔・咽頭・気管・肺が該当する。

泌尿器は体内の老廃物を排泄する器官で、血液の組成を一定に保つ働きもある。腎臓・尿管・膀胱が該当する。オスの生殖器は精巣・精管・前立腺・陰茎となる。メスは卵巣・卵管・子宮・膣になる。

内分泌器は、上位（脳内）の視床下部と下垂体、下位の甲状腺・副甲状腺・副腎などで構成されている。

脳と脊髄は中枢神経と呼ばれるもので、体の隅々まで行き渡っている末梢神経とともに感覚の情報を伝達・処理したり、体の様々な動きを調整したりする。

心臓は、血液を全身に送るポンプの役割をしている。血管、リンパ管と合わせて循環器と呼ばれている。

胸腔と腹腔の境目に横隔膜と呼ばれる膜状筋があり、息を吸い込む時（吸入時）に重要な役目を果たしている。

〈オスの内臓〉

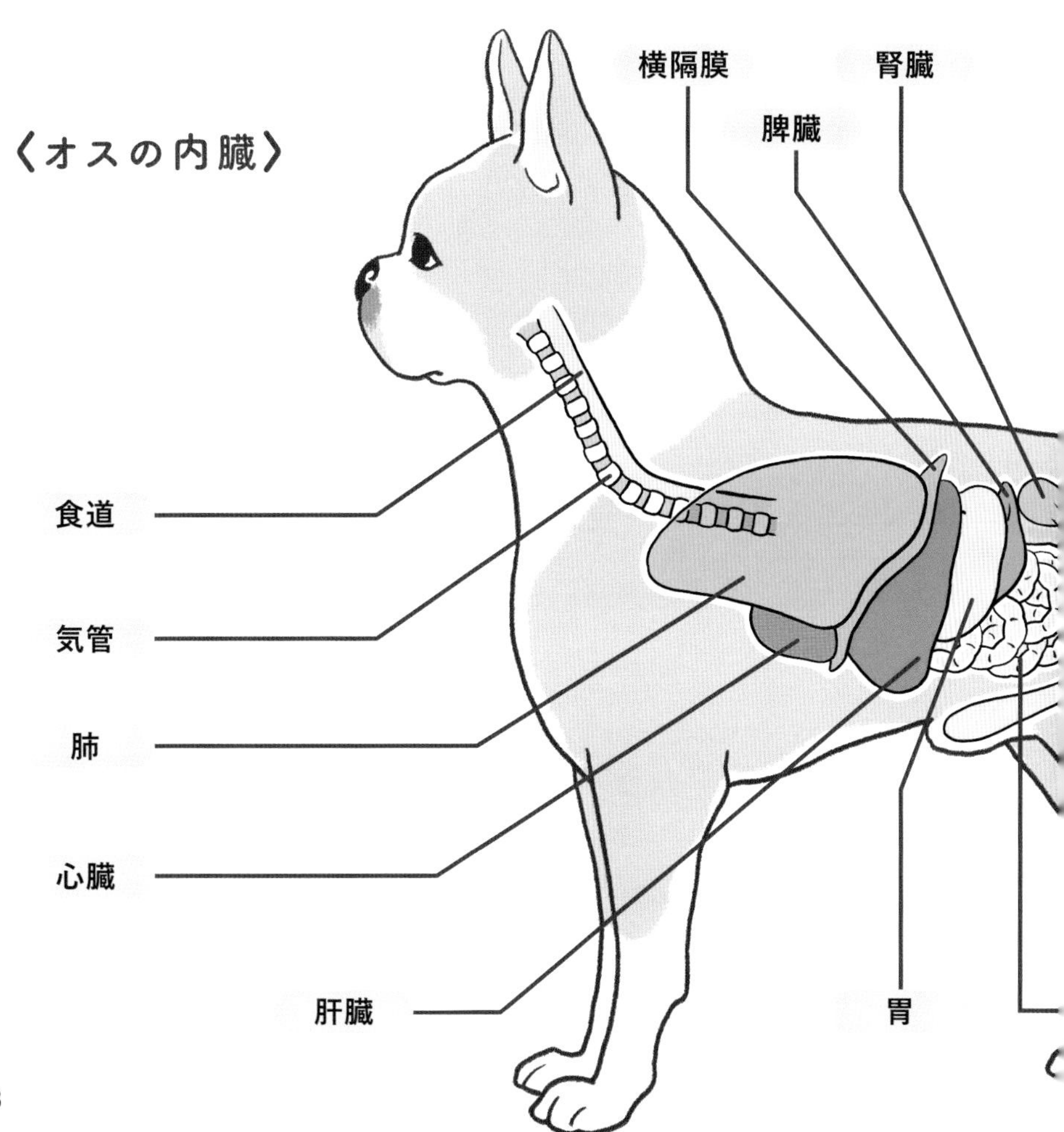

ボストン・テリア 年齢別に 多い病気

ボストン・テリアの一生は「子犬・幼犬期」「1～4歳の成犬期」「5～6歳の中年期」「7歳からのシニア期」に大別できる。中でも病気にかかりやすいのは「子犬・幼犬期」と「シニア期」となる。生まれてから離乳するまでの新生期は、犬の一生の中で一番危険が多いといわれる。

その後、身体的変化・精神的成長を経て2歳頃に体格や被毛が完成する。ボストン・テリアは短頭種なので呼吸器疾患などにとくに注意する必要があるが、先天的な疾患がなく食生活や運動に注意していれば、充実した成犬期・中年期を過ごせることが多い。

7歳を超えるとシニア期に入るが、10歳くらいまでは動きも容姿も若々しいボストン・テリアが多い。ただし、よく観察すると運動量が減っていたり、動きがゆっくりになったりしているので「ウチの子はシニアになっても元気」と思い込まずに生活を見直したり、健康状態の確認を行うことが重要だ。

子犬・幼犬期

特徴

生後10日頃
- 体重がほぼ倍に増加
- だいたい生後2週間で目が開く

生後1ヶ月
- 乳歯が生え始める
- 足がしっかりして活発に動き始める

生後2ヶ月
- 乳歯が生えそろう
- 1回目の混合ワクチンを接種

生後3ヶ月
- 狂犬病ワクチンと2回目の混合ワクチンを接種

生後4ヶ月
- 乳歯が抜け始める
- パピーコートが抜けて、成犬の被毛に変わり始める
- 3回目の混合ワクチンを接種
- オスとメスの差が出始める

生後6～7ヶ月
- オスのマーキングや縄張り意識が強くなる
- 乳歯は全部抜けて永久歯が出そろう

生後10ヶ月
- 様子を見ながら成犬用フードに切り替える
- メスが初めてのヒートを迎える

子犬・幼犬期に気をつけたい病気

- 感染症
- 誤飲、誤食
- 小脳形成不全
- アトピー性皮膚炎
- 胃腸炎
- 嘔吐、下痢
- 外耳炎
- 膝蓋骨脱臼

嘔吐や下痢が続いて食事が取れないと低血糖になり、命の危険に陥ることもある。

成犬・中年期

特徴

1歳～
・マズルなどの黒い毛が抜ける

2歳～
・体格がほぼ完成する
・親犬から受け継いだ性質が表れ始める
・毛色、骨格、筋肉が落ち着く

成犬・中年期に気をつけたい病気

・外耳炎
・皮膚炎
・尿路結石
・膿皮症
・前十字靱帯断裂
・誤飲、誤食

好奇心旺盛なボストン・テリアは誤飲、誤食が多くなる。飼い主が注意しておきたい。

シニア期

その他、様々な不調が出てくる時期。異常の早期発見が何より重要になる。

シニア期に気をつけたい病気

・白内障
・関節炎
・心臓疾患
・外耳炎
・腎臓疾患
・歯周病

特徴

7歳〜

・白いヒゲや白いマツゲが見つかるようになる
・被毛の中に白髪が交ざるようになる
・徐々に運動量や代謝量が落ちてくる
・核硬化症になり、目が白く見え始める(老眼)

10歳〜

・顔や頭、背中に白髪がだいぶ増える
・視力が落ちてくる(嗅覚は落ちにくい)
・動きがゆっくりになる
・眠る時間が少しずつ増える

目の病気

目の病気は、外見的な異常が出る場合はわかりやすいが、「視力が落ちた」などは、飼い主がなかなか気づかないことがある。いつもと違う行動が出たら獣医師に相談を。

目のつくり

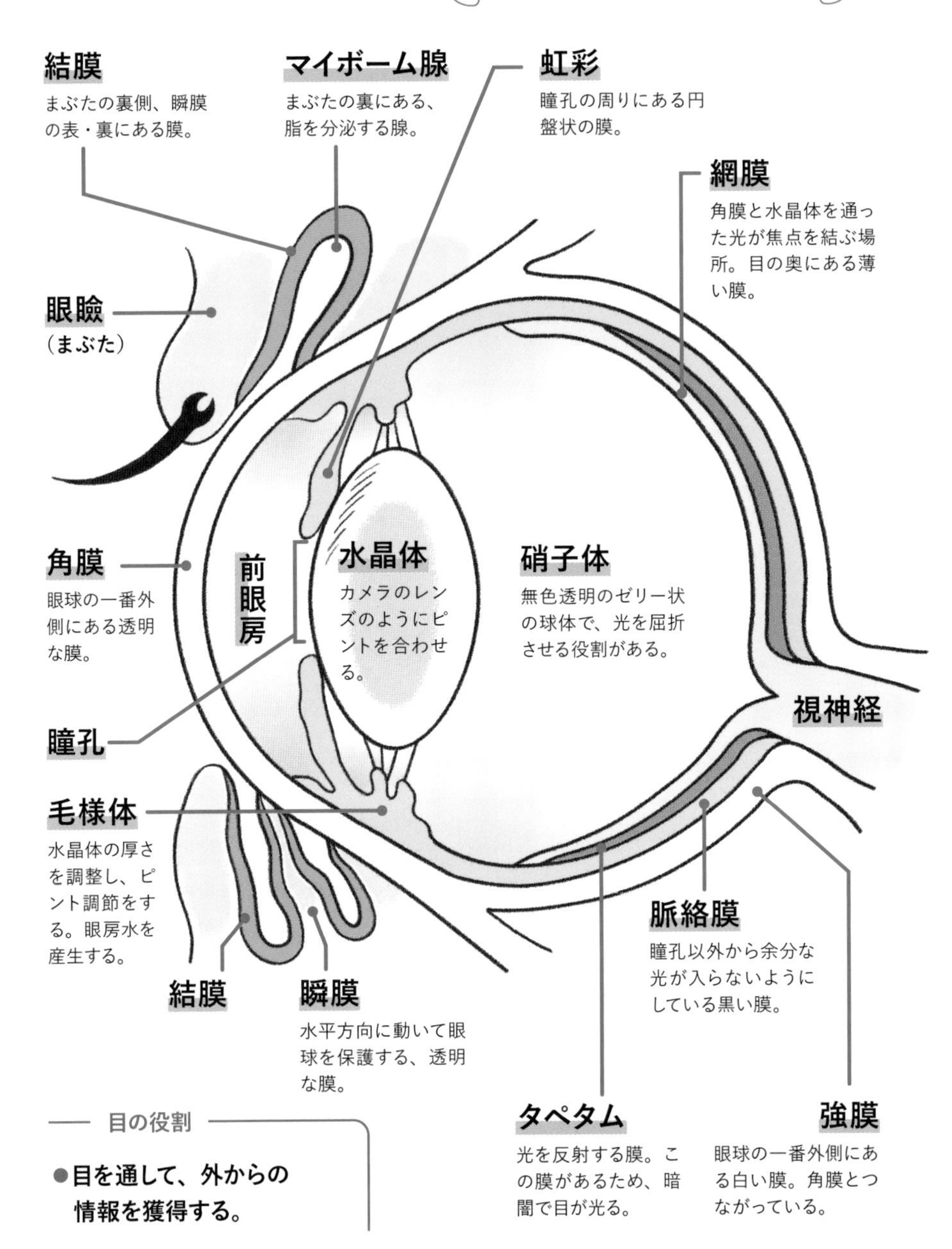

目の役割

- **目を通して、外からの情報を獲得する。**

睫毛異常 …しょうもういじょう

症状

・涙が出る
・強い光に痛みや不快感がある
・充血する

原因

睫毛は通常、決まった毛根から決まった方向に伸びていくものだが、**毛根の場所や伸びていく方向に異常がある**と睫毛異常が起こる。マイボーム腺（睫毛の少し奥にある、脂が出る分泌腺）から睫毛が伸びている睫毛重生、睫毛が角膜に向かうようにカーブして伸びている睫毛乱生、睫毛の先端がまぶたの内側から突き出すように伸びる異所性睫毛の３タイプがある。

異所性睫毛はわかりづらく、発見が遅れると角膜潰瘍を引き起こすこともある。

治療

角膜の表面を刺激している睫毛を取り除く外科的処置を行う。異常な場所に生えている睫毛を専用のピンセットで数本抜くだけで終わることが多いが、両側の眼瞼全体に異常がある場合は、レーザーや凍結凝固治療を行う必要がある。

睫毛重生
まぶたにあるマイボーム腺から睫毛が生えている。

異所性睫毛
まぶたの裏から、突き出すように睫毛が生えている。

睫毛乱生
睫毛の先端が角膜に向いている。

ぶどう膜炎 ……ぶどうまくえん

症状

- 瞳孔が小さくなる
- 白目が充血する
- 涙が出る
- まぶしそうに瞬きする
- 虹彩の色が変化する
- もやがかかったように白くなる

原因

ぶどう膜は、虹彩、毛様体、脈絡膜の３つの部位から構成されている。これらの部位は連続しており、それぞれで炎症が起こると周囲に波及しやすく、この部位に生じた炎症を総称してぶどう膜炎という。免疫介在性、白内障などによる代謝異常、感染、中毒、外傷、腫瘍に関連するものなど、発症する原因は様々で、原因をつかむことが重要になる。

治療

原因に対して治療をしていくが、すぐには特定できないことも多く、その場合はステロイド剤・非ステロイド性の点眼や内服による消炎治療を行う。

ぶどう膜の位置

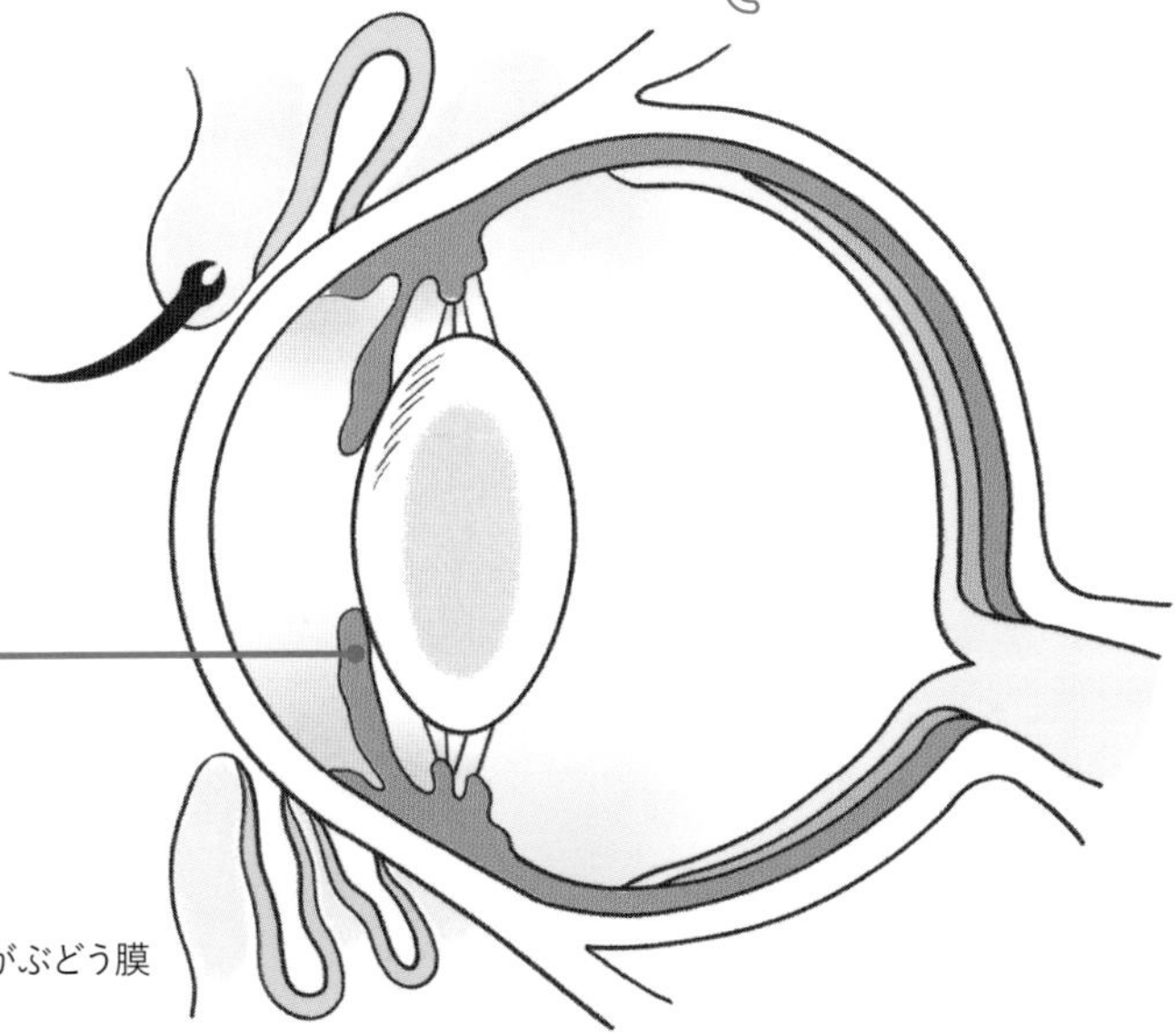

赤い部分がぶどう膜となる。

緑内障

…りょくないしょう

症状

・結膜が充血している
・角膜が濁っている
・瞳が緑色に見える
・瞳孔が拡大している
・痛みで目を気にする
・眼球が大きくなる

原因

目の中を満たしている眼房水は、通常虹彩の裏にある毛様体で産生され、虹彩を抜け、隅角を通って目の外に排出される。この眼房水の産生と排出のバランスが乱れることで**眼圧が高くなり、網膜と視神経を圧迫して失明につながる**。先天性、遺伝性で起こる原発性、ぶどう膜炎や水晶体の脱臼などの眼疾患によって眼房水の排出路が物理的にふさがって眼圧が高くなって起こる続発性がある。

初期には急激な高眼圧によりショボショボさせながら目を痛がっているそぶりを見せるが、ほとんどの飼い主は目にゴミが入ったのだろうと思って様子を見てしまい、数日後にはすでに失明しているというケースが最も多い。

ヒトでは、慢性期になると持続する高眼圧で頭痛に悩まされるというが、犬でも手術後は快活になることから同様なことが起こっていると思われる。

治療

上がってしまった眼圧を下げるための治療が行われる。とくに視力が残っている場合は、早急に治療する必要がある。また、短期間で眼圧を下げることで視力が回復するケースと、眼圧を下げても視力が回復しないケースがあり、その後の治療が異なってくる。

緑内障は一度発症すると一生治療を続ける必要があり、点眼だけで視力を維持することは難しく、手術を行う場合もある。

慢性期では眼球が2倍くらいに大きくなる（「牛眼」という）ため、更なる痛みと不快感を生じる。**痛みを除くことを治療目的として、眼内インプラント挿入術や眼球摘出術などを行う**。

急性期で視力が保たれている場合には、眼房水の産生を抑制するレーザー毛様体凝固術や排出を促進する前房シャント設置術などを行う。

結膜炎

…けつまくえん

症状

・白目が充血する
・目をショボショボさせている
・目ヤニが出る　・涙が出る

原因

結膜はまぶたの裏側、白目の表面を覆う無色の膜。とても薄く無色透明で白目の部分を覆っている眼球結膜と、眼球結膜よりは厚く不透明で、まぶたの内側を覆っている眼瞼結膜の2つがある。瞬膜のまぶた側、眼球側の表面も結膜に分類される（18ページを参照）。この**結膜に炎症が起こる症状を総称して、結膜炎**という。

結膜には血管が多く走っていて炎症が起こると充血するため、白目が赤くなったように見える。つねに涙目になったり、目ヤニが増えることも多い。炎症が進むと結膜が腫れる場合も。

原因には異物の混入、スプレーなどの薬物、アレルギー、ドライアイ、角膜炎、高眼圧症、寄生虫、細菌や真菌、ウイルスの感染などが挙げられる。

治療

結膜炎は**原発性よりも二次的に発症していることが多いので、原因究明が重要**。木片などの結膜内異物や、牧場が近隣にある地域に多い東洋眼虫という寄生虫は意外と見過ごされている。

まずは肉眼でしっかりと状態を観察。角膜表面を染色して傷を調べるフルオレセイン染色、涙液量を量るシルマーティア試験、眼圧検査や眼底検査を行うことも。また、細菌感染のチェックのため、眼球表面の細胞を採取して顕微鏡で確認する細胞診もある。**原因が判明したら、それを抑えるための治療を行う**。真菌ならば抗真菌薬の点眼剤を、寄生虫ならば駆虫する。

核硬化症

…かくこうかしょう

症状

・目が白く濁る

原因

水晶体の中心にある水晶核が硬化する病気。これは加齢によるもので、**いわゆる老眼**であり、5歳を過ぎるとほとんどの犬に見られる。白内障と間違えるくらいに白濁することもあるが、白内障と異なり、視力は低下するものの視覚は維持されている。瞳孔が開いている時に、綺麗な正円形のリングが見えるのは核硬化症である。

治療

加齢が原因なので、これといった治療はない。白内障を併発している可能性もあるので、異常を感じたら検査をして確認したほうがよい。

網膜剥離
…もうまくはくり

症状
・急な視覚障害
・寝ていることが多い、動きが鈍い
・瞳孔が開く
・瞳が茶色や赤黒く濁って見える

原因
網膜の一部である網膜色素上皮が本来の位置から剥がれて視覚障害が起こり、失明にもつながる病気。片方に起こると、もう片方にも発症する可能性が高い。

原因にはいくつかあり、先天的に網膜に異形成がある、ウイルスや細菌感染、腎障害などによる高血圧、血液凝固異常による出血など全身性の病気、ぶどう膜炎後や眼内組織の収縮、本来はゼリー状の硝子体が液化し網膜下に浸入するなどの眼内に変性が起こったこと、などが挙げられる。

治療
血圧が高い病気を患っている場合には、網膜剥離予防も兼ねて日頃から血圧の調整をしておくべきである。

網膜剥離を起こしてしまった場合、**網膜剥離が部分的なら進行を防ぐためのレーザー治療を行う。**片目でも見えていると行動異常が出にくいが、全部が剥がれている場合は治療できる施設が限られるので、早期発見が重要となる。眼内が出血などで混濁している場合は超音波検査によって診断する。

突発性後天性網膜変性症（SARDs）
…とっぱつせいこうてんせいもうまくへんせいしょう

症状
・夜盲　・動体視力の低下
・視力低下による行動異常

原因
目の中を通過してきた光を電気信号に変えて視神経に受け渡す網膜は10層からなり、大量の酸素を消費するため多くの血液供給を受けている。

網膜変性症は、その**網膜への血液供給が徐々に妨害されて網膜の機能が低下し視覚を失う遺伝性疾患**で、発症の原因は不明。ボストン・テリアでは突然失明する突発性後天性網膜変性症（SARDs）が多いとされている。

初期症状が現れないので気づきにくいが、初めて行く場所で動かなかったり戸惑う様子が見られるなど、行動の変化で気づくこともある。愛犬の日頃の様子をよく観察しておくこと。

治療
なし。散歩の時や家の中の家具の配置など、視覚障害による事故を未然に防ぐ予防措置が重要。

乾性角結膜炎（ドライアイ）

…かんせいかくけつまくえん

症状

・寝起きに目が開かない
・目ヤニが多い　・涙やけが増える
・目が乾燥する　・目を細める
・瞬きがうまくできない

原因

涙液は角膜に酸素や栄養を供給したり、細菌感染や異物から目を守ったりしている。正常な状態では瞬きをするたびに涙液は目を潤し、鼻の奥へ流れる。角膜上皮が多少傷ついても、涙液が正常であれば角膜上皮を再生できるが、涙液の量が減ったり質が悪くなったりすると、**涙液による潤いの膜が目の表面に形成されなくなり、角膜上皮に様々な疾患**が現れる。それがドライアイといわれる症状だ。

涙液の脂成分ムチンは涙の貯留と拡散を助けるが、ムチンの分泌が低下すると涙液を角膜表面に保持できなくなり、周りにあふれて涙やけの症状が出る。同時に涙が目の表面に広がらず、角膜や結膜が乾燥してもろくなる。

原因として先天性、薬物性、ウイルス性、神経性、第三眼瞼の切除、内分泌性、免疫介在性などがある。

治療

目薬による内科的治療を行う。瞬きがうまくできない場合は治療による改善が期待できないので、まぶたをよく温める、上下のまぶたのフチが接触する瞬目運動をするなど、涙液の分泌を促す必要がある。目の保護膜が損傷すると細菌感染しやすく、傷が治りにくくなり、色素性角膜炎や角結膜炎などを引き起こすリスクもある。

気になる症状があれば早めに動物病院で診察を受けること。

流涙症

…りゅうるいしょう

症状

・涙の筋ができる　・皮膚炎
・においが強くなる

原因

涙の流出過程で問題が起こり、涙があふれてしまう病気。原因は多様で特定が難しいが、涙管閉塞、まぶたや鼻のシワの毛が目を直接刺激すること、眼瞼内反症や眼瞼外反症など眼瞼の形態異常、マイボーム腺分泌液の不足などが挙げられる。

皮膚炎を起こし、においが強くなることの他、見た目上の問題も。また目の表面の涙不足により角膜に傷ができる場合もあるので注意が必要。

治療

流涙症の原因を特定し、**点眼薬、内服薬、場合によっては手術**を行う。

第三眼瞼腺脱出（チェリーアイ）

…だいさんがんけんせんだっしゅつ

症状

・目頭付近に瞬膜腺が飛び出る
・眼を気にしている
・涙があふれている
・眼を痛がっている

原因

下まぶたの内側にある第三眼瞼（瞬膜）は、犬が眼を開けている時はまぶたの内側に引っ込んでいて、通常は見えない。しかし、何らかの原因で**瞬膜の内側にある瞬膜腺が反転して外側に飛び出してしまうことがあり、飛び出た瞬膜腺がサクランボのように見えるため「チェリーアイ」とも呼ばれる。**

原因として瞬膜に付属する軟骨の奇形や繊維柱帯のゆるみ、外傷、感染、腫瘍などが挙げられる。

ほとんどは**1歳未満のボストン・テリアで発症**する。高齢犬でチェリーアイになったら腫瘍が原因の可能性も。

治療

軽度であれば瞬膜を押し戻して、炎症を抑える点眼薬などの内科的治療を行う。しかし、再発の可能性が高く、**根治には外科手術が必要**となる。切除する場合は、飛び出た瞬膜腺を決して切り取ってはならない。涙が出なくなり、ドライアイになってしまう。

眼瞼腫瘍

…がんけんしゅよう

症状

・まぶたにしこりがある
・目が赤い
・目ヤニが多く出る

原因

まぶたの細胞が腫瘍化したもので、本来は皮膚疾患のひとつ。眼瞼にあるマイボーム腺に関連した腫瘍が多く、良性腫瘍がほとんどだが悪性腫瘍もある。正確な診断には病理組織検査が必要。腫瘍が大きくなったり、眼球に接する場所に発生した場合は、角膜炎など二次的な異常も起こりやすくなる。

また、眼瞼腫瘍と似た症状が現れるものに、麦粒腫・霰粒腫がある。「ものもらい」といわれる症状で、こちらはまぶたのフチにあるマイボーム腺の炎症が原因となる。

治療

基本的な治療は、手術による外科的切除になる。検査の結果で悪性だった場合は、その他の治療を行うこともある。良性で大きさにあまり変化がない場合は、犬の状態や年齢を考慮して経過観察となる場合も。

ボストン・テリアに多い病気

角膜炎

かくまくえん

症状

- 目を痛がる
- 涙が出る
- 目ヤニが出る
- 白目が充血する
- 目の光沢がなくなる
- 強い光に不快感を示す
- 視覚障害

原因

角膜は涙液で覆われた透明な膜で、瞳孔と虹彩を覆っている。**角膜炎はこの角膜が削られたり、刺激が加わったりすることで起こる症状の総称。**外傷、ドライアイ、免疫、神経系の異常などが原因となる。

外傷性は目を擦る、ぶつけるなどの外的刺激で角膜を傷つけて起こる。また、**角膜表面を覆っている涙液がドライアイで欠如すると角膜がもろくなるため容易に炎症が起きる。**ドライアイの診断までに時間が経過していたり、治療の怠りによってメラニン色素が角膜表面に誘導されると色素性角膜炎となる。

さらに角膜上皮が欠失すると角膜潰瘍となり、数日で完治する軽度のものから数ヶ月間治療しても治らない難治性潰瘍まである。

その他、睫毛異常や眼瞼内反症（まぶたが内側に巻き込まれ、まぶたのフチが眼球に接してしまう状態）、眼瞼腫瘍などによって、角膜が慢性的に刺激を受け続けることで発症する場合もある。

様々な原因が考えられるが、原因をはっきりと断定できないこともある。

治療

診断は、視診、眼圧測定、スリットランプ、フルオレセインなどの試験紙での角膜染色によって行われる。

治療の基本は必要に応じた点眼薬の頻回投与であるが、難治性潰瘍は原因の究明のための様々な検査が必要であり、原因除去や治療のために全身麻酔が必要になることもある。

点眼の他、原因となっている病気や症状の治療も行っていく。犬が目をかいてしまうならエリザベスカラーも着用する。

ボストン・テリアに多い病気

白内障

はくないしょう

症状

- 目が白く濁る
- 視力の低下

原因

水晶体はカメラの凸レンズのようなもので、目に入ってくる外部の光を屈折させ、網膜に画像が綺麗に映るように調整する器官。白内障はこの水晶体に栄養やタンパク質代謝、浸透性などの乱れが生じることで濁った状態になる病気。黒目の部分がだんだんと白く濁ってくるのが大きな特徴となる。

原因には、先天性、遺伝性網膜萎縮などの遺伝性、糖尿病や低カルシウム血症などの代謝性、外傷による続発性、薬物性、放射線治療性などがあり、必ずしもシニア犬だけがかかるものではない。現在では、犬の寿命の短さと紫外線を浴びている時間の関係から、老齢性白内障はほぼないとされており、遺伝性が多いとされている。ボストン・テリアでは若齢性白内障も少なくなく、2歳以下での発症例もある。

初期では眼内にY字状の筋ができ、部分的に白濁が見られるが、行動にはさほど変化はない。進行するに従い、白濁が全体的に広がり視力が妨げられ行動が鈍くなる。さらに進行すると、水晶体内の核や皮質が融解を起こしてしまう。

また、ぶどう膜炎、水晶体脱臼、緑内障、網膜剥離、網膜変性などを引き起こし、失明に至ることもある。

治療

超音波手術によって濁った水晶体を取り除き、人工水晶体を挿入して視力の回復をはかる。視覚障害の網膜疾患を併せ持つ場合などは手術不適応となることもあるので、術前に必ず網膜検査を受ける必要がある。

点眼薬や内服薬はさほど効果が得られないといわれている。

日々のお手入れが愛犬の健康を守る

日常生活の中で健康を維持できる、ブラッシングやシャンプー、耳掃除、爪切り、歯磨きなどお手入れ全般をご紹介。日頃からスムーズに実行できるよう習慣化しよう。

日々のお手入れは清潔で快適な毎日を過ごすために必要不可欠。そして、お手入れ時に愛犬とスキンシップすることで病気の早期発見や予防につながる。ブラッシングやシャンプー、爪切りや耳掃除、オーラルケアなどをしながら見て、触って、においを嗅いで愛犬のボディチェックをしよう。

●ブラッシング

ボストン・テリアは短毛のシングルコートとなる。被毛には皮膚の保護や体温調節などの役割があるが、短毛のためそれらの機能は低く、暑さ寒さに弱い犬種である。先の尖っていないブラシやゴムブラシなどでブラッシングを毎日行い、血行促進や代謝を促して暑さ寒さに強い皮膚にしておく必要がある。異常を発見したら動物病院を受診すること。

●シャンプー

皮膚や被毛を健康に保つことができるシャンプーは皮膚病治療の一環として予防や改善につながる。犬の皮膚はデリケートなので皮膚の状態に合ったシャンプー剤を選び、皮膚の内部に浸透させるようにもみ洗いしたら、十分に洗い流すこと。洗い残しがあると皮膚病の原因になるので要注意。

●爪切り

爪を切らずに放置しておくと足裏に力が入らず、関節に負担がかかったり、爪が折れたり、割れたりして骨折や捻挫など大きなケガを誘発してしまうことも。定期的に爪切りを行うことが大切。

●耳や目のお手入れ

耳の中に汚れが溜まらないように日頃からチェックして2~3週間に1度ほどの頻度で耳掃除をする。また、目の周りもチェックして目ヤニが出ている時はぬるま湯に浸したガーゼやコットンで優しく取り除いてあげる。

●オーラルケア

歯周病は悪化すると歯が抜けたり、顎が骨折しやすくなったり、内臓疾患を引き起こすなど寿命を縮めてしまうことにつながる。いつまでも自分の歯で食べられるように健康な歯を維持できるよう歯磨きを習慣化しよう。

歯・口腔内の病気

歯と口の中に関わる病気を集めた。愛犬が嫌がるからといって歯磨きをおろそかにすると、歯の病気にかかりやすく、将来的に愛犬が苦労することになる。ケアはしっかりと行おう。

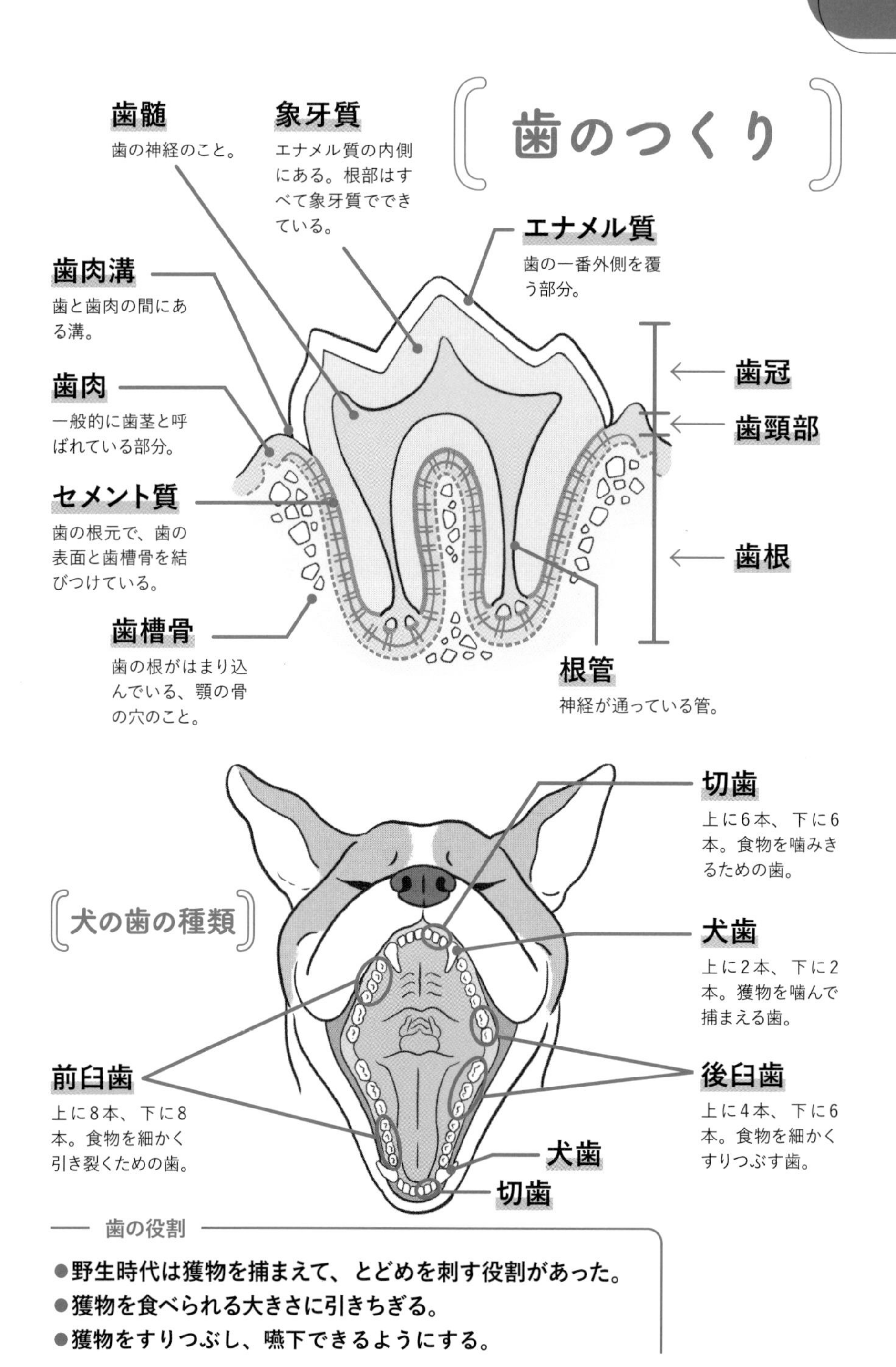

歯のつくり
歯髄
歯の神経のこと。
象牙質
エナメル質の内側にある。根部はすべて象牙質でできている。
エナメル質
歯の一番外側を覆う部分。
歯肉溝
歯と歯肉の間にある溝。
歯肉
一般的に歯茎と呼ばれている部分。
セメント質
歯の根元で、歯の表面と歯槽骨を結びつけている。
歯槽骨
歯の根がはまり込んでいる、顎の骨の穴のこと。
歯冠
歯頸部
歯根
根管
神経が通っている管。
犬の歯の種類
切歯
上に6本、下に6本。食物を噛みきるための歯。
犬歯
上に2本、下に2本。獲物を噛んで捕まえる歯。
前臼歯
上に8本、下に8本。食物を細かく引き裂くための歯。
後臼歯
上に4本、下に6本。食物を細かくすりつぶす歯。
犬歯
切歯

歯の役割

- 野生時代は獲物を捕まえて、とどめを刺す役割があった。
- 獲物を食べられる大きさに引きちぎる。
- 獲物をすりつぶし、嚥下できるようにする。

破折・咬耗 ……はせつ・こうもう

症状

- 歯の神経が露出
- 歯の神経が菌などに感染

原因

破折は硬いものを噛むことで歯の先端が折れた状態。臼歯で骨やひづめなどの硬いものを噛むと、歯が剥がれるように折れることが多い。交通事故や落下事故で折れるケースもある。顎の骨の中にある見えない歯根が破折することもある。

咬耗は歯がすり減ること。加齢で歯がすり減る生理的な咬耗と、骨やおもちゃなどを噛むことや、歯磨きのしすぎなどですり減る咬耗がある。

治療

神経に達しない場合は、歯冠修復材で修復するか経過観察をする。神経に達していて神経が生きている場合は、歯髄保護剤と歯冠修復材で治療するか、抜歯。神経が死んでいる場合は、神経を抜いて根管充填剤と歯冠修復材で充填するか抜歯。歯根が破折している場合は、経過を見るか抜歯となる。

予防としては、**ひづめや骨などの硬いものをかじらせすぎないこと。きちんと歯磨きを行うこと。**

乳歯遺残 ……にゅうしいざん

症状

- 乳歯が抜けない
- 歯並びの悪化
- 歯が歯肉や粘膜に当たる
- 早期の歯石沈着や歯周病が起こりやすくなる

原因

犬の歯は通常、生後4ヶ月になると切歯、5ヶ月頃に臼歯、6ヶ月頃までに犬歯が、乳歯から永久歯に生え変わる。その時期になっても**乳歯が抜けずに残ることを乳歯遺残という。**

そのまま放置すると、乳歯が邪魔になって永久歯が正しい位置に出られないため、歯並びが悪化する。また、それによって汚れが溜まりやすい状態となり、**歯周病などのトラブルが起こりやすくなる。**

治療

永久歯が生えても乳歯が残っている場合は抜歯を行う。すでに永久歯の位置がずれている場合は、矯正術を行うこともある。永久歯がずれることを避けるためには、**4～6ヶ月の生え変わりの時期に歯の状態を動物病院で診察**し、早期発見に努めることが重要。

口内炎・舌炎

……こうないえん・ぜつえん

症状

・頬の粘膜、歯茎、舌が赤く腫れる、ただれる、出血する
・口を気にする　・口臭が強い
・ヨダレが多い　・膿汁が出る
・舌の表面が白くただれたり、縦に溝ができる
・食事をうまく食べられない

原因

口腔内の粘膜などにできる炎症の総称。原因は、歯垢や歯石による刺激で起きるもの、硬いおもちゃを口に入れて傷つけたため、木の枝や割り箸、布などが歯に挟まって取れない、交通事故、落下事故など外部刺激によるもの、感染症や病気による代謝異常、免疫介在性によるものなど、様々である。

治療

血液検査、尿検査、超音波検査、病理学的検査などを行い、関連する他の病気があるか確認する。原因となる病気が特定できた場合は、その治療を行う。口内炎の対症療法として、消炎剤、抗生物質などを用いるが、生検手術で病理診断が必要な場合もある。

唾液瘤・唾液腺炎

……だえきりゅう・だえきせんえん

症状

・顎の下、ノド、首、頬、目の下、耳の下あたりに柔らかい膨らみ（腫脹）ができる
・ヨダレが増える
・食べ物が飲み込みにくい

原因

唾液腺で作られた唾液は、導管を通って口腔内に流れてくる。何らかの原因で唾液腺や導管が損傷して、唾液が本来とは異なる場所に漏れ出てしまう疾患を唾液瘤と呼ぶ。

通常は無症状だが、唾液瘤が起こった部位によっては気道を圧迫したり、食物が飲み込みにくくなったりする。

原因には、異物を口に入れて噛んだことによる外傷、唾液腺や導管の炎症や結石による閉塞などが考えられる。

細菌感染によって唾液腺に炎症が起こる「唾液腺炎」と間違いやすいため、しっかりとした鑑別が必要となる。唾液腺炎の場合、唾液腺付近の腫脹とともに発熱や食欲不振などの様子が見られることが多い。

治療

根本的な治療には、唾液瘤の切除と唾液腺の摘出が必要になる。犬の唾液腺は複数あるため、ひとつを摘出しても大きな問題にはならない。

顎関節症

……がくかんせつしょう

症状

- 顎をかくかくさせる
- 舌をくちゃくちゃさせる
- 口がうまく開かない
- ものが食べにくい
- 口を痛がるしぐさをする

原因

犬の顎は複雑な形状をしており、筋肉と関節、神経が集中して下顎を支え、食事や咆哮などで口を開閉する際にはこれらが連動しながら機能している。

顎関節症は、この**顎の骨と頭の骨をつなぐ関節が炎症を起こし**、痛みを引き起こして口が開きにくくなったり、口を動かすたびに音がなったりなど、様々な支障をきたす疾患である。

顎関節症で生じる痛みは**顎関節の痛みと咀嚼筋の痛み**に分けられ、そのいずれかまたは両方が痛むことになる。

骨やひづめ、プラスチックなどの硬いものを噛んだり、交通事故や落下事故などによって顎の骨が骨折・脱臼し炎症が起こって骨が変形した、ストレスや違和感からの歯ぎしりのため、歯周病や耳の病気から起こるものなど、様々な原因が考えられる。

治療

まず問診によって、どのような症状がいつごろから出ているかを調べ、**原因となるケガや疾患などを確認**する。

そのうえで、顎の動きや顎や咀嚼筋の痛みの検査、頭部のX線検査やCT検査によって、**顎関節やその周辺の筋肉に異常がないかを調べていく**。

原因が特定できれば、それを改善していく治療を行う。顎関節症は軽度であれば手術で治すことが可能だが、時間が経って顎関節が大きく変形していたり、口がまったく開かない状態になっていたりすると完全に治すことが難しくなるので、症状に気付いたら早めに動物病院で診察を受けること。

口から食事や水分を摂れない場合、胃にチューブを流して胃ろうの形で必要な栄養や水を補給することになる。

顎関節症の予防には、骨やひづめなどの硬いオヤツやおもちゃを与えないようにすること、原因となりがちな歯周病を防ぐために歯のケアをしっかり行うこと、歯ぎしりをやめさせるためにストレスを解消する機会を増やすことなども有効となる。

口腔内腫瘍

…こうくうないしゅよう

症状

・歯肉にしこりができる
・歯垢が溜まる
・歯周病
・ヨダレが増える
・食べると出血する
・口臭が強くなる
・下顎リンパ節の腫れ
・嚥下困難

原因

口の中にできる腫瘍のため、口腔からの出血、口臭などの他、口の開閉がしにくくなったり、下顎のリンパ節が腫れたりする。次第にものが食べにくくなり、食事に支障をきたす。

口腔内にできるしこりには、歯肉腫、悪性黒色腫（メラノーマ）、扁平上皮癌、線維肉腫、リンパ腫、歯源性腫瘍などがある。

歯肉腫には、歯周病の刺激などによる非腫瘍性の炎症性エプリス、良性腫瘍の腫瘍性エプリス、そしてエプリスに似てはいるが悪性の棘細胞腫性エナメル上皮腫がある。

悪性黒色腫（メラノーマ）は非常に悪性度が高く、口の奥に発生することが多いので初期発見が難しい。また、完全摘出も不可能である。早期に発見できたとしても、すでに転移していることが多い。異様な口臭で気づくことがある（悪性黒色腫、扁平上皮癌について詳しくは159ページ）。

他の腫瘍も、発生部位によっては完全摘出できないことが多い。

治療

歯肉腫は外科手術で腫瘍を摘出できる。しかし、歯肉腫だと思っていたら悪性黒色腫などの悪性腫瘍だったというケースや、抜歯を行うとさらに悪化してしまうケースがある。

可能であれば、術前にほんの少しだけ採材し、病理診断を行ってから手術に臨んだほうが安全である。

また、術後も定期的に再発のチェックを行うことが望ましい。

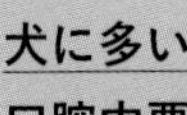

犬に多い
口腔内悪性腫瘍は…

悪性黒色腫（メラノーマ）
扁平上皮癌

ボストン・テリアに多い病気

歯周病

ししゅうびょう

症状

- 歯肉が赤く腫れる
- 強い口臭がある
- 歯がぐらつく
- くしゃみが出る
- 歯の根元からの出血、膿汁が出る
- 目の下の皮膚が腫れて膿がたまる
- 歯肉腫ができる
- 歯が抜ける

原因

歯垢中の歯周病関連細菌によって**歯肉が炎症を起こす「歯肉炎」**と、**周辺の組織が炎症を起こす「歯周炎」**を総称して歯周病と呼ぶ。歯肉炎の時点で治療すれば回復できるが、歯槽骨、セメント質、歯根膜にまで炎症がおよぶ歯周炎になると正常に戻すことは難しい。

放置すると歯根の周囲に炎症を生じ、口腔粘膜、頬、鼻腔などの組織に穴が開いて、膿汁や血液が排出することも。

さらに歯周組織から細菌や毒素が血液中に入り、**細菌性心内膜炎などの全身性の病気を起こす**おそれもある。

治療

全身麻酔で、付着した歯垢や歯石を除去。炎症があるなら抗炎症剤を使う。歯周組織が重度に破壊されている場合は抜歯する。予防はきちんと歯磨きをするなど、オーラルケアを行うこと。

歯周病の進行

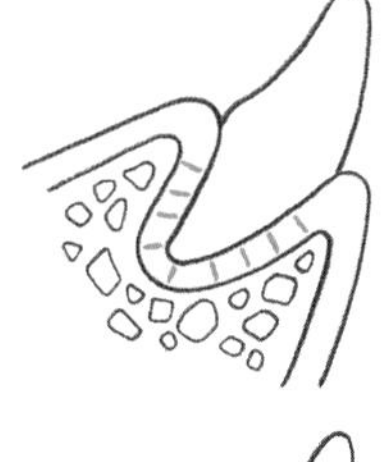

❶ 正常な状態

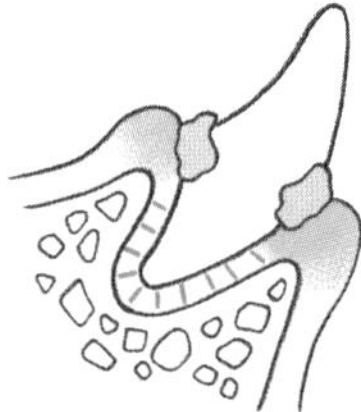

❷ 歯肉炎

・歯垢や歯石が少し溜まり始めている。

❸ 歯周炎

（軽度〜中程度）

・歯垢や歯石が溜まる歯周ポケットが形成される。

・歯肉は腫れるか、縮小する。

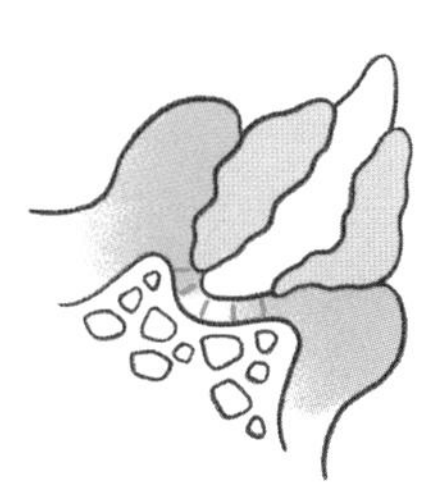

❹ 重度歯周炎

（歯槽膿漏）

・歯周ポケットが炎症を起こし、化膿する。

・歯がぐらつくようになる。

噛み合わせの話

犬の噛み合わせにはいくつかの種類があり、犬種によって望ましい噛み合わせが決まっている。

主な噛み合わせは下記の図を参考にしてほしい。多くの犬種では、口を閉じた時に上の前歯の裏面が下の前歯の表面に軽く接触するシザーズ・バイトが正しいとされている。ただし、短頭種であるボストン・テリアの犬種標準では「レベル・バイトか、ほんの少し下の前歯が出ている程度が望ましい」とされている。

望ましい噛み合わせから著しく外れている噛み合わせは「不正咬合」とされる。不正咬合は、顎の長さや幅のバランスが崩れることで生じる骨格性不正咬合と、歯の位置の異常

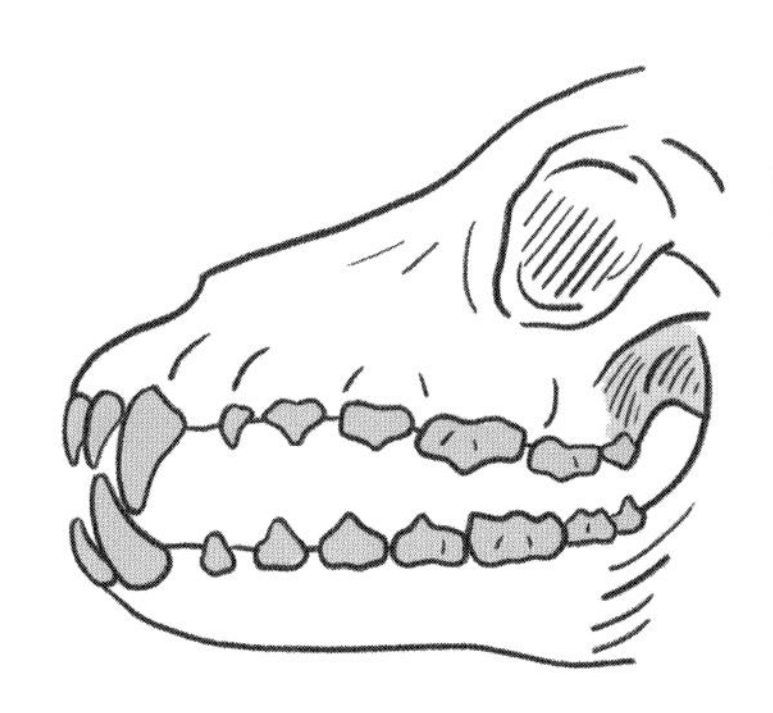

シザーズ・バイト

上の前歯の裏面に、下の前歯の表面が軽く接触する噛み合わせ。多くの犬種で正しい噛み合わせとなる。

レベル・バイト

上下の前歯の端がきっちり噛み合う形。切端咬合とも呼ばれる。ボストン・テリアの正しい噛み合わせのひとつ。

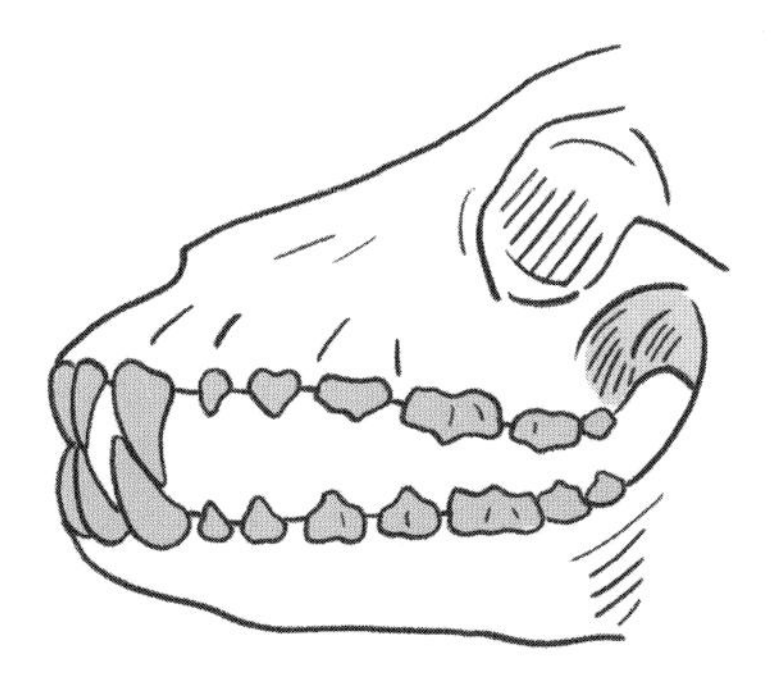

によって生じる歯性不正咬合とに分けられる。

不正咬合であっても犬が気にしていなければ問題ないが、状態によっては食事がしにくくなったり、歯の先端が口蓋や他の歯に当たって傷が生じ、痛みや不快感をともなったりする場合もあるので、気がついたら動物病院で診察を受けること。

なお、子犬のうちは噛み合わせが悪くても、成長するにしたがって顎の骨や筋肉が発達したり、歯が生え変わったりすることによって改善するケースもある。

骨格性不正咬合の場合は治療することはできないが、歯性不正咬合の場合は、咬合の状態や時期によって治療できることもある。

アンダーショット

口を閉じた時に、下の前歯が上の前歯の前に出ている噛み合わせ。ボストン・テリアの正しい噛み合わせのひとつで、ほんの少しアンダーショットであることが望ましいとされる。

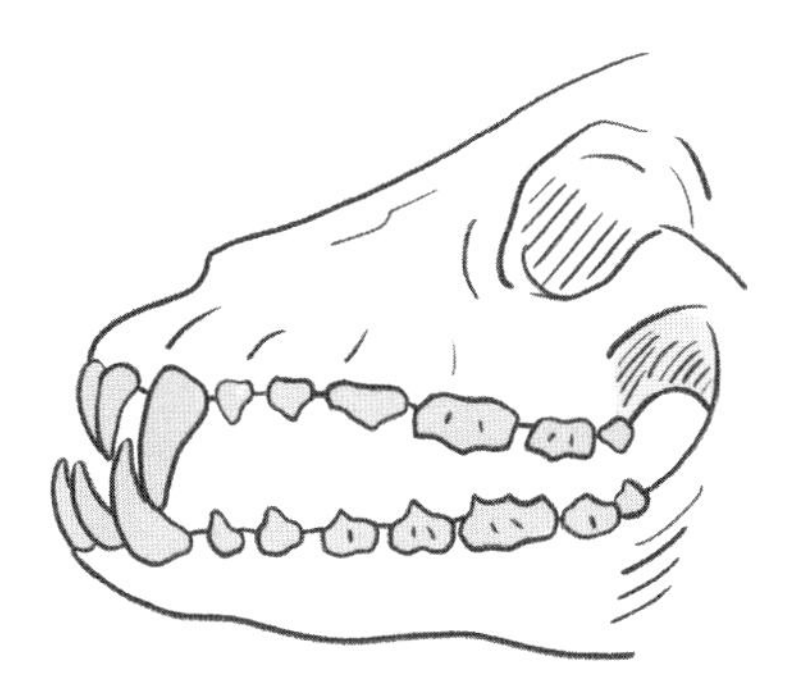

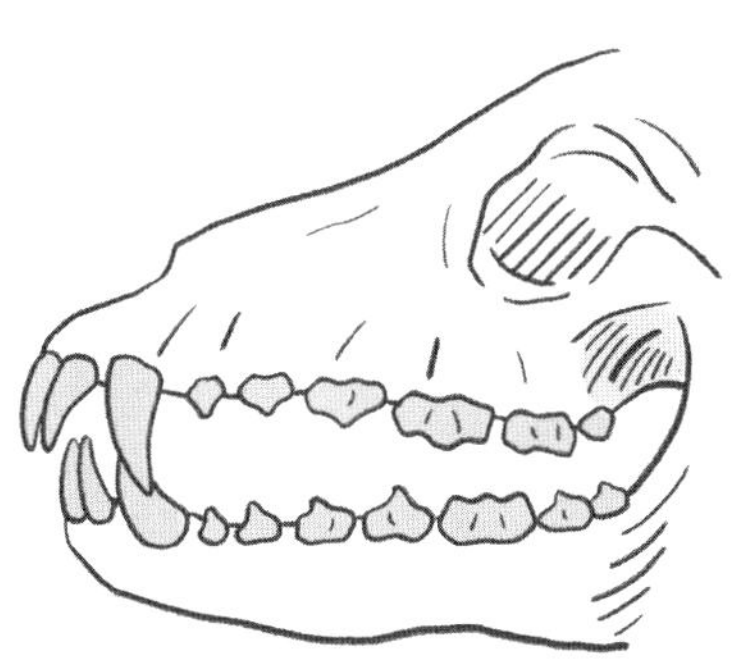

オーバーショット

噛み合わせた時、上下の前歯の間に隙間ができるもの。上顎が長いか、下顎が短い場合に起こる。ボストン・テリアでは不正咬合となる。

医療の発展で進む動物の高度医療

かかりつけの獣医師では手を尽くせないほど重い傷病を愛犬が抱えた時に最後の砦となる高度な専門医療。難病に立ち向かう動物医療の内容と診療の流れをご紹介します！

愛犬が重篤な傷病を抱えている、病気の原因が特定できない、治療が困難な場合などに頼りになるのが、高度な専門性、最先端の医療機器、豊富な症例数を有する二次診療に特化した高度医療動物病院だ。

高度な医療機器は人間が使用する医療機器と同等のもの。放射線治療装置、MRI、CT、動画撮影できるX線検査装置（Cアーム）、高性能超音波診断装置、脳波検査装置、人工透析装置、内視鏡、腹腔鏡、膀胱鏡、手術用顕微鏡、陽圧手術室など、あらゆる傷病に対応できるように高度な検査機器や治療機器が完備されている。また、専門分野に特化し、豊富な知識と経験、高い技術力を持ったドクターが検査機器を操作し、診療・治療までを担ってくれるのだ。疾患に合わせて対応できる複数の手術室や一般入院室の他に、温度・湿度を適度に保ち、酸素濃度を高めるICU入院室なども完備されている。

ただし、高度な医療設備と難病に対応できる専門性に特化した治療は、一般の動物病院に比べると費用が高い。高度な検査や難度の高い手術、特殊な治療など状況に応じて治療費が膨らんでいく。高度な医療体制を維持するためには致し方ないというのが現状だ。

先進医療を提供する大学付属動物病院や民間の高度医療動物病院などが全国各地に設立されているが、それらほとんどの二次診療病院は飼い主からの直接の依頼、診察は受け付けていない。まずはかかりつけの動物病院を受診し、獣医師の指示に従うこと。そのため、飼い主は日頃から何でも相談できる、かかりつけの獣医師と信頼関係を築くことが何よりも大切になってくる。

二次診療病院の予約・受診の流れ

1. かかりつけの動物病院で診察を受ける。
2. 獣医師が二次診療病院に連絡をして予約を取る。
3. 獣医師から飼い主に二次診療受診の予約確定日の連絡が入る。
4. 飼い主は愛犬を連れて、決定した予約日時に二次診療病院に行く。
5. 担当医による診察、検査を受ける。
6. 検査結果により今後の治療方法の説明を受ける。かかりつけの動物病院にも検査、治療結果が報告される。
7. 二次診療病院で治療が終了した後は、かかりつけの動物病院で回復管理、薬の処方などアフターケアを行う。

呼吸器の病気

呼吸器の病気は、愛犬のQOLを著しく下げてしまう。早めに発見し、早めに治療することが大切だ。肥満は呼吸器に大きな負担を与えてしまうので、予防策をしっかりとろう。

鼻・咽喉のつくり

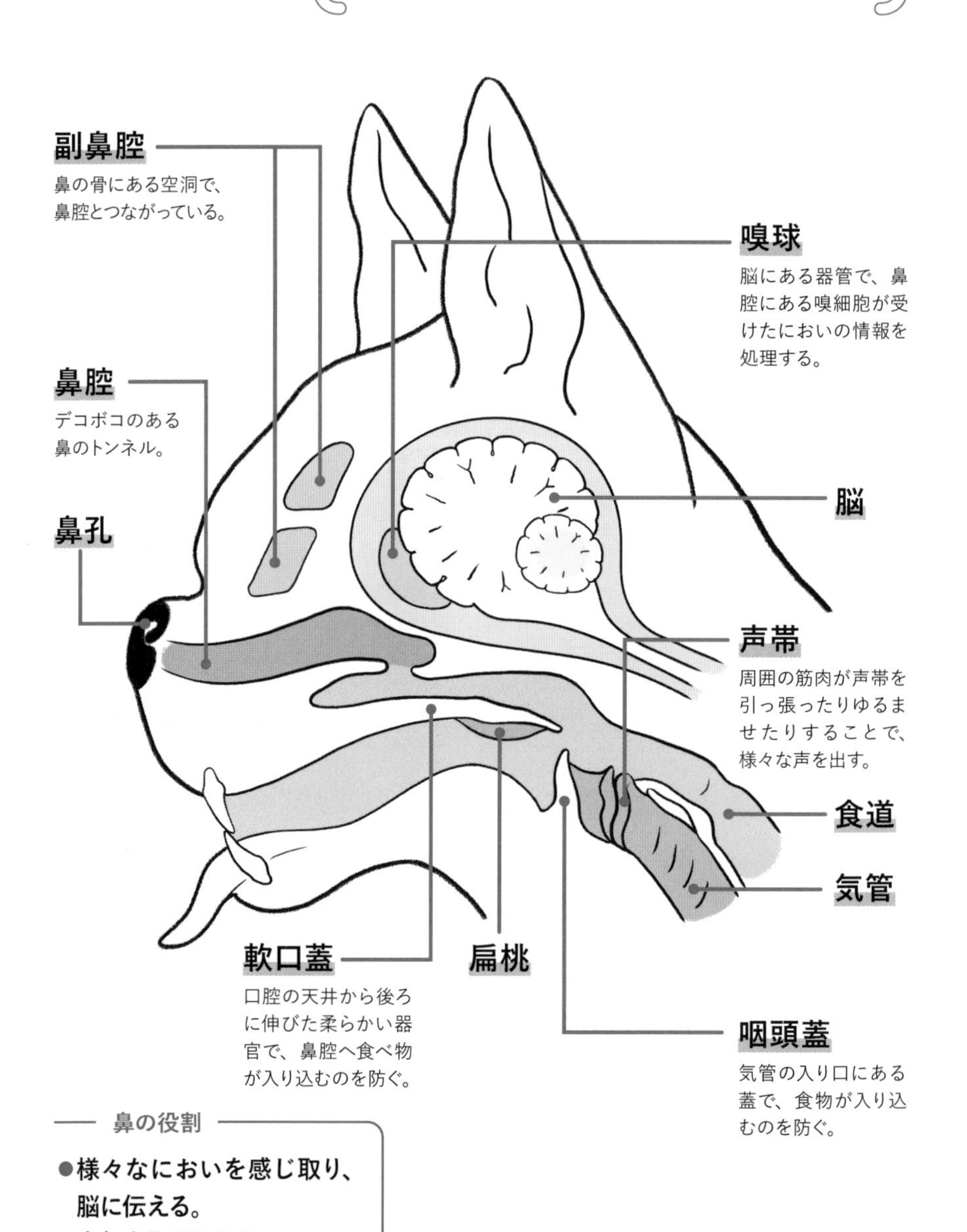

鼻の役割

- 様々なにおいを感じ取り、脳に伝える。
- 空気を取り入れる。

気管のつくり

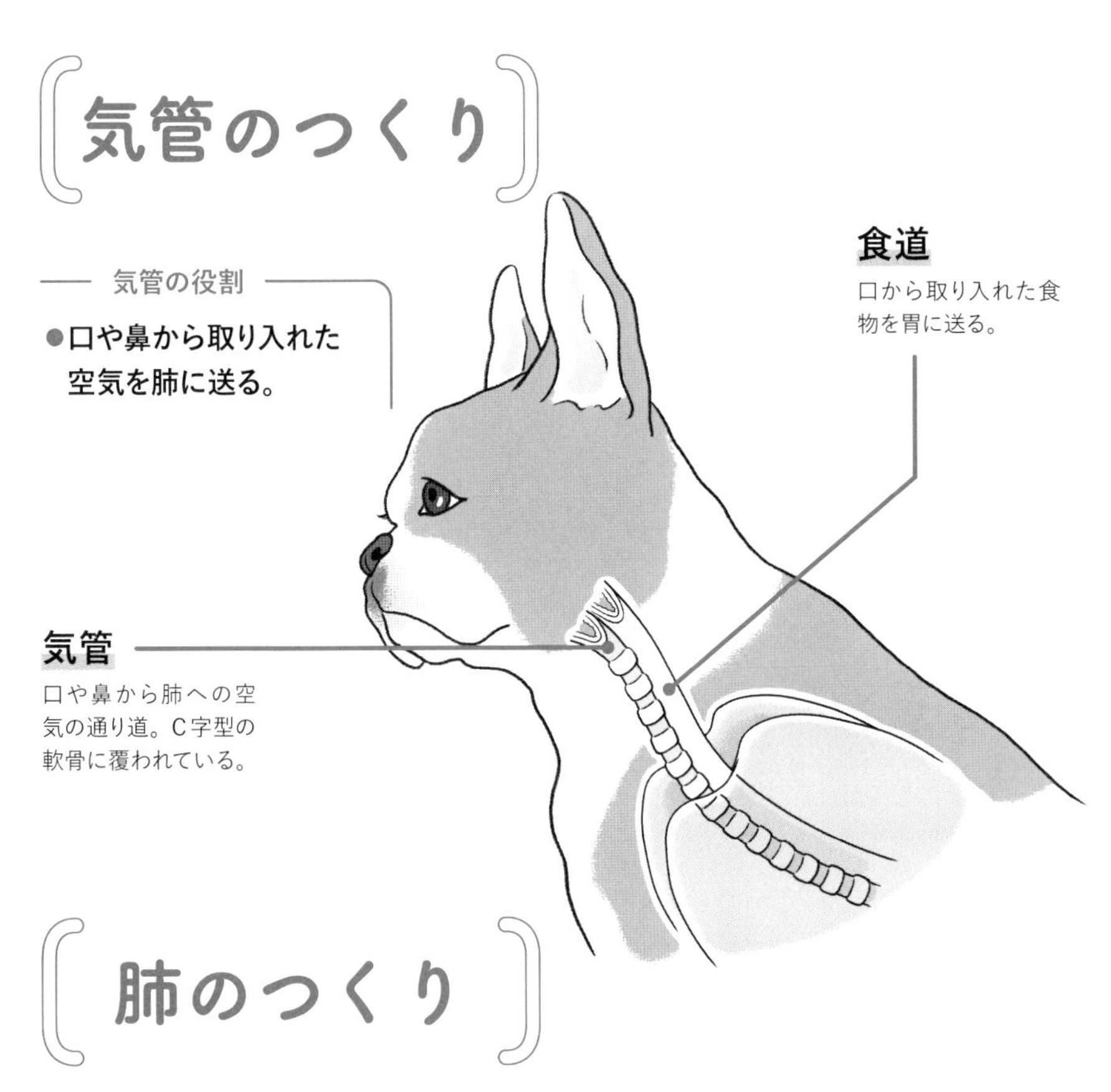

気管の役割

- 口や鼻から取り入れた空気を肺に送る。

肺のつくり

肺の役割

- 口や鼻から入った空気を、気管・気管支を経て取り込む。
- 気管支の先には無数の「肺胞」があり、肺胞で酸素を取り入れ、不要な二酸化炭素を排出している（ガス交換）。
- 肺胞を取り囲んだ動脈・静脈の毛細血管に、酸素・二酸化炭素を送り出している。

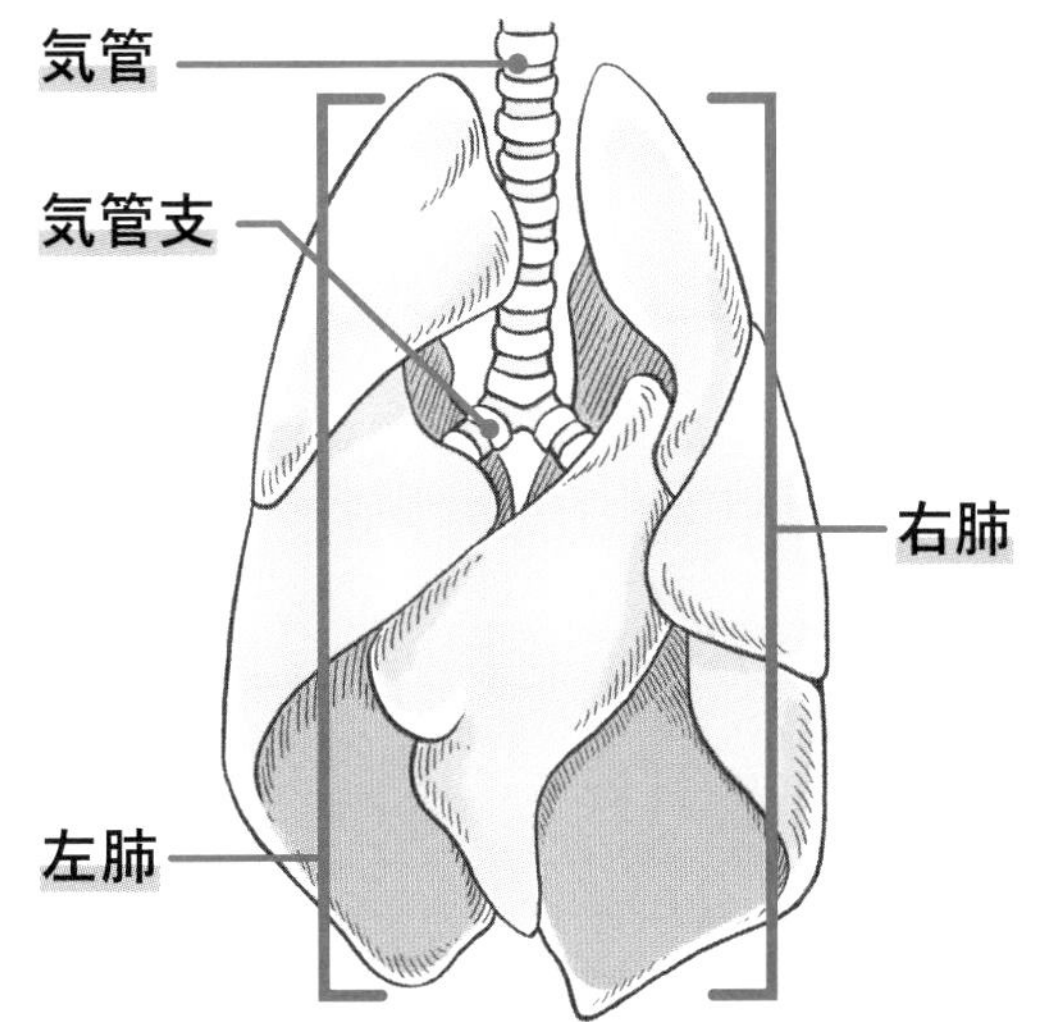

鼻炎

…びえん

症状

・くしゃみ　・鼻水　・鼻詰まり
・口で呼吸している

原因

鼻腔内の炎症であり、原因はウイルス、細菌、真菌、異物の吸引、口腔内疾患、アレルギー性疾患、腫瘍、口蓋裂など。悪化して細菌感染を合併すると膿のような鼻汁になる。また鼻汁が多量になると、鼻腔が詰まることから開口呼吸をするようになる。

定期的なワクチン接種でウイルス感染を予防する。高齢の犬の鼻炎は歯周病や鼻腔内腫瘍が原因のことが多いので早期の診察が必要である。

治療

まずは鼻汁を採取して、細胞診と細菌培養感受性検査を行う。鼻詰まりをなくすために補助的にスチーム吸入を1日1~2回行う。

冬期やエアコンによる湿度の低下は症状悪化につながるので、**加湿器を使うなどして湿度を40~50%に保つのも有効**。とくに夜間は鼻が詰まると寝苦しいので、湿度と室温を上げる。

細菌培養感受性検査の結果で細菌感染が認められた時には抗生剤を投与する。合わせて、鼻炎を起こしている原因の疾患も治療していく。

気管支炎

…きかんしえん

症状

・乾いた咳　・微熱　・水溶性の鼻汁
・元気消失　・呼吸困難

原因

気管支に起こる炎症で、ウイルスや細菌が原因で感染する症候群をケンネルコフ（伝染性喉頭気管支炎）という。

その他、粉塵、刺激性ガス、花粉などのアレルゲンの刺激によっても発症する。二次性の細菌感染を起こすと咳は湿性となり、元気消失、呼吸促迫、呼吸困難、チアノーゼなどが起こる場合も。子犬やシニアの犬に発症しやすいので、日頃から栄養や衛生環境に配慮し免疫力を上げること。

治療

軽症なら適度な温度と湿度を維持して安静にすれば数日で治ることもあるが、必要に応じて栄養の供給、抗生剤、消炎剤、鎮咳剤などを投与する。毎日の吸入療法を行うこともある。

完治するのに数ヶ月以上かかる場合もあるが、**慢性化すると一生咳が止まらなくなる**ので、慢性化させないように根気よく治療することが大切。

気管虚脱

…きかんきょだつ

症状

・咳が止まらない
・ガーガーなど異常な呼吸音がする
・疲れやすい
・呼吸困難・失神

原因

気管は咽喉頭部から気管分岐部をつなぐ空気の通り道。正常な気管は、チューブ状の気管をC型の軟骨が覆うつくりになっている。気管虚脱は、**何らかの原因で軟骨が柔らかくなったため、気管がつぶれてしまい、呼吸が苦しくなる病気**。とくに、空気を吸う時には胸腔内および気管内の壁が内側に引っ張られるため、症状が明確になる。

気管の狭窄の度合いにより「グレード1」から「グレード4」に分類され、グレード1は25％以下の狭窄、グレード4は75％以上の狭窄となる。グレード1で症状が出る場合もあれば、グレード4まで進行して初めて症状が出る犬もいる。

最もわかりやすい症状は、ガチョウの鳴き声のような「ガーガー」という咳。症状がひどくなると一日中咳込むようになり、興奮すると呼吸困難や失神を引き起こす。

小型犬に多く、主な原因は遺伝といわれている。ボストン・テリアのような短頭種が発症しやすい「短頭種気道症候群（49ページ）」のひとつとして数えられることも。また、肥満や副腎皮質機能亢進症、過度の吠え、首に余計な力がかかった場合なども原因になり得ると考えられる。

治療

吸気と呼気の状態でX線検査を行い、気管がつぶれているか診断する。症状が出ている場合は、**咳止め薬や気管を拡張する薬で対処**するが、あくまでも対症療法となり、**根本的な治療には外科的手術が必要**になる。

外科的手術には、つぶれた気管内にステントという拡張器具を入れる方法、光ファイバーをらせん状に加工して気管外に設置する方法がある。ただし、気管分岐部近くの虚脱は手術することができないので、薬やサプリメントで症状を抑えていくしかない。

気管支拡張症

…きかんしかくちょうしょう

症状

・高音の深い咳が連続する
・呼吸が速くなる
・運動するとすぐに息が荒くなる
・粘液膿性の痰が出る

原因

気管支は気管の下端部分で、気管よりもさらに細い組織。肺の肺胞につながっている。本来ならば弾性（力を加えても、外せば元に戻る性質）を持っているが、何らかの原因で弾性がなくなり、**気管支が拡がってしまうことがある。これが気管支拡張症**だ。

先天性と後天性があり、慢性気管支炎や気管支肺炎が原因のことも多い。また、高齢犬になるとよく見られる。

治療

一度気管支が拡がってしまうと、その部分は元に戻せない。そのため**症状を和らげたり、進行を遅らせるための対症療法**となる。抗生剤や気管支拡張薬、痰の切れをよくする薬や抗炎症薬などを投与していく。ネブライザー（薬を霧状にして吸引する治療方法）を使う場合もある。他の病気が原因の場合は、その治療も併せて行う。

咽喉頭炎

…いんこうとうえん

症状

・咳が出る　・ヨダレが増える
・呼吸時、ゼーゼーヒューヒューと音がする
・食欲不振　・元気消失

原因

咽頭は口腔・鼻腔の奥から食道の入口にかけての器官、喉頭は気道の入口部分の器官。この**咽喉頭に炎症が起こる病気の総称**で、ウイルスや細菌への感染、食べ物が通る際にのどを傷つけた、鼻炎や口内炎など周辺部の炎症が影響している、異物の誤飲でのどが傷ついた、などが原因として考えられる。また吠えすぎ、首輪による刺激なども原因となることがある。

2ヶ月以上炎症が続くと、慢性咽喉頭炎と診断される。

治療

血液検査、X線検査などを行い、炎症が起こっているか確認する。咽頭鏡検査、気管支鏡検査で炎症の状態を検査することもある。

内科的な薬物治療が基本になり、消炎剤や抗生物質を投与して症状の緩和・軽減を図っていく。

咽喉頭麻痺

…いんこうとうまひ

症状

・疲れやすい　・呼吸困難
・チアノーゼ
・ヒーヒーと喘鳴する
・高体温　・失神

原因

咽喉頭は複数の筋や軟骨組織で構成される呼吸器官の一部で、披裂軟骨や声帯ヒダによって声門を形成する。声門は本来、呼吸時に空気の流れを促し、発声に関わり、嚥下時には閉じて誤嚥を防止する。

何らかの障害によって披裂軟骨や声帯ヒダが開かなくなり、麻痺が進むと気道が閉鎖して、本来の声門やその他の咽喉頭の動きが行えなくなる疾患。原因不明のもの、多発性筋炎、重症筋無力症などの筋肉の異常から起こるもの、神経の伝達障害や変性など神経の異常から起こるもの、腫瘍や外傷から起こるものなどがある。興奮時に気道が閉鎖して呼吸時にヒーヒーと喘鳴したり、チアノーゼを示して意識を失ったりすることもある。

咽喉頭麻痺には先天性、後天性、後天性突発性があり、先天性の場合は幼齢期から1歳未満で発症し、四肢の歩行障害や食道拡張症を伴う進行性で、悪化しやすいのが特徴。

後天性は、反回喉頭神経の経路である前胸部や頸部の外傷、外科手術後に起こったり、甲状腺機能低下症の1症状として現れることもあり、とくに高齢の犬に起こりやすい。後天性突発性はこれといった原因がなく、ゆるやかに進行していく全身性神経筋障害の1症状として現れることもある。

治療

X線検査や超音波検査を行い、最終診断は内視鏡検査を行う。症状が軽度なら安静を保ち、酸素療法を行う。咽喉頭の腫れや炎症に対してはステロイド剤を投与するのが一般的。

こうした治療が効かない場合や重度の場合は、閉塞を解除するために部分的な咽喉頭切除を行う。

甲状腺機能低下症があれば、甲状腺ホルモン補充を行う。誤嚥性肺炎や原発性食道拡張症がある場合は、まず肺炎の治療を十分に行う。その後で声門を広げる手術もあるが、誤嚥のレベルや頻度を悪化させてしまう恐れがあるので、永久気管切開術を行うほうが安全だといえる。

呼吸症状のみで生活の質が低下している場合は、片側披裂軟骨側方化手術を行って改善する。

肺炎 …はいえん

症状

・荒い呼吸　・発熱　・呼吸音の異常
・元気消失　・食欲不振　・湿性の咳

原因

細菌やウイルス、真菌、唾液や胃液、食べ物や水などの誤嚥などで**肺の肺胞や間質に生じた炎症**。細菌性肺炎はウイルス性肺炎の続発症のこともある。また、免疫力の低下している犬では直接の感染もある。

しかし、最も多いのは、再発性の誤嚥に関連しての発症であるといわれている。食道拡張症や慢性咽喉頭麻痺などを患っている犬は唾液や胃液を誤嚥しやすい状態になっており、とくに胃酸を含んだ胃液を誤嚥すると、肺の拡張能力を極端に落とすので細菌感染を起こしやすくなる。**よくむせている犬は原因となっている疾患を究明し、治しておくこと**。ウイルス感染には定期的なワクチン接種が有効的な予防だ。

治療

二次性の細菌感染を考慮し、抗生剤と消炎剤を投与する。脱水すると気道粘液の粘稠度が増して呼吸改善に影響するので、点滴などで防ぐ。呼吸困難がひどい時には酸素吸入も。

肺水腫 …はいすいしゅ

症状

・湿性の咳　・口を開けて呼吸する
・呼吸困難　・横たわることを嫌がる
・ピンク色の鼻汁が出る

原因

肺の毛細血管から肺の肺胞や気管支に液体が漏出し、溜まっている状態。肺での十分なガス交換ができずに、低酸素血症が起こる。

心原性と非心原性があり、犬の場合は心原性がほとんど。**心原性は心臓の病気に関連**し、非心原性は感電やカビ取り剤の吸引など肺の炎症が原因のことが多い。

治療

酸素吸入を行うとともに、原因となる疾患の治療を行う。主に肺に蓄積した水分の除去や、低酸素血症の改善などが行われることが多い。肺に蓄積している水分を除去するためには、利尿剤を投与するのが有効となる。心原性肺水腫では強心剤も使用する。

胸水

…きょうすい

症状

・食欲不振　・元気消失
・呼吸が苦しそう　・舌が変色した
・口を開けて呼吸する

原因

胸水とは、胸部にある肺や心臓の外側の空間（胸腔）に液体が溜まってしまった状態のこと。水様の漿液が溜まる漏出液と、血液、膿、リンパ液などが溜まる滲出液がある。

原因や異常により、水様漿液、膿、血液、乳び（脂肪や脂肪酸が乳化し、リンパ液に混ざった乳白色の液体）など、溜まる液体は異なってくる。膿が溜まるものを「膿胸」、血液が溜まるものを「血胸」、乳びが溜まるものを「乳び胸」と呼ぶ。

胸水が溜まってしまう理由には、誤食した異物や交通事故による胸部打撲、犬同士のケンカなどの他、悪性腫瘍、感染症などによる免疫機能低下、胸管破裂も原因に挙げられる。漏出液が溜まる場合、心臓病やフィラリア症など、心臓の異常が原因になっていることもある。

原因によって発症までの時間が異なり、数日から1週間、遅いと数ヶ月かかる場合もある。膿や血液、乳びが蓄積されていくと呼吸器を圧迫してしまうため呼吸が速くなり、横にならずじっと伏せていることが多くなる。

さらに溜まった液体の量が増えると伏せることもできず座ったままになり、数日で命を落とすこともある。

治療

まずは超音波検査やX線検査で液体が溜まっているか確認する。**貯留が確認できたら、胸に針を刺して溜まっている液体（胸水）をできる限り抜くとともに、胸水の検査を行う**。同時に、血液検査、血液化学検査も行う。

胸水の検査から原因がわかったら、胸水の培養感受性検査を行い、それに対応した抗生剤などの投与を行う。溜まった液体を排出するための胸腔チューブを設置して排液するとともに、胸腔内を洗浄する。

また膿胸や乳び胸では、開胸手術を行って原因を取り除くこともある。

気胸 …ききょう

症状

・呼吸促迫　・呼吸困難
・チアノーゼ　・寝られない

原因

肺が破裂して肺胞内の空気が胸腔内に侵入し、肺の虚脱と呼吸困難を起こす。胸腔は左右に分かれているため、片側に起こる場合が多い。胸部への強い圧迫や肋骨の骨折で胸壁や肺が傷ついて起こる外傷性、検査処置や治療手技の合併症として起こる医原性、日常生活の中で起こる自然気胸があり、犬は交通事故や落下事故、咬傷による外傷性が多い。多量の空気が侵入し、胸腔内が膨らんだ状態になる緊張性気胸は最も重篤で、少し興奮するだけでショック死するケースもある。

治療

酸素室に入れ、侵入した空気の量が少量なら安静にして自然回復を待つ。重度な場合は注射器か胸腔チューブを設置して空気を抜く。肺や気管に大きな損傷があり、多量な空気が胸腔内に侵入する場合は、開胸手術で損傷部位を修復する。

肺腫瘍 …はいしゅよう

症状

・慢性的な咳　・体重減少　・跛行
・呼吸困難　・発熱　・喀血

原因

初期は目立った症状がなく、発見された時には進行していることも多い。肺の細胞が腫瘍化した原発性、他の部位からの転移性があり、転移性は全て悪性である。多くの場合は転移性であり、肺への転移が多い腫瘍には、乳腺癌、血管肉腫、骨肉腫、悪性黒色腫などがある。喫煙者の愛犬に肺腺癌が多いことは明らかである。

治療

X線検査で肺腫瘍が疑われたら、血液検査、血液化学検査、超音波検査、可能なら腫瘍の針生検、CT検査を行い、転移の有無、原発腫瘍の有無、全身状態を把握し良性悪性を判断する。

良性肺腫瘍は1～3個の大きな腫瘍だけのことが多い。原発性悪性腫瘍と転移性肺腫瘍は多数のしこりが見られる。良性の肺腫瘍は外科手術で切除するが、悪性腫瘍は原発性も転移性も外科手術は不可能。

X線検査で肺腫瘍らしき影が見えるのは、直径4㎜以上になったものだけであり、咳や呼吸促迫などの臨床症状が現れるのは肺の70％以上を腫瘍が占拠してからといわれている。外科手術を受けたいなら、必ずCT造影検査を受けて正確な情報を集めて判断を。

ボストン・テリアに多い病気

短頭種気道症候群

たんとうしゅきどうしょうこうぐん

症状

- ブーブー、ガーガーと鼻や喉が鳴る
- 普段からゼエゼエと呼吸している
- 咳をする
- 睡眠時無呼吸症候群
- いびきが大きい
- 失神する

原因

ボストン・テリアなどの短頭種は、**他の犬種よりも生まれつき気道が狭い傾向がある。そのため気道が閉塞しやすく、それを原因とする呼吸器疾患が起こりやすい。**

気道が狭いために発症する一連の呼吸器疾患を「短頭種気道症候群」と呼ぶ。具体的には鼻孔狭窄、軟口蓋過長、咽頭虚脱、気管低形成などが含まれ、ひとつだけでなく複数が組み合わさっていることも多い。

- **鼻孔狭窄**……鼻の穴が狭くなった状態。睡眠時には鼻呼吸するため、鼻の穴が狭いと呼吸しづらくなってしまう。
- **軟口蓋過長**……口腔の天井から後ろに伸びた柔らかい部分（軟口蓋）が普通よりも長くて空気の通り道をふさいでしまう状態。
- **喉頭小嚢の外転**……声帯ヒダと甲状軟骨の間にある喉頭小嚢が外側にひっくり返ってしまい、気道を狭めている状態。
- **咽頭虚脱**……鼻から喉にかけての空気の通り道（上部気道）が慢性的にふさがりやすくなり咽頭部の圧が異常に高まった結果、咽頭軟骨と呼ばれる喉の軟骨が変形する。
- **気管低形成**……遺伝的要因や発育過程で起こった何らかの問題により、気管が本来の太さまで成長できていない状態。

これらの症状は自然治癒することはなく、長い間放っておくと「呼吸が苦しい→頑張って呼吸する→気道に負担がかかる→さらに気道が狭くなる」という悪循環に陥りやすい。最悪の場合、突然死という可能性もある。

治療

先天的な病気なので、完治は難しい。生活習慣を見直したり、内科治療・外科治療を組み合わせることで、症状を緩和できる。主な外科治療には、鼻の一部を切除して鼻の穴を広げる手術、軟口蓋を切除する手術などがある。高齢になると負担が大きくなるため、なるべく若齢での手術が推奨されている。

肥満は短頭種気道症候群を悪化させてしまうので、日頃から太りすぎないようにコントロールすることも大切だ。

正しい薬の飲ませ方を獣医師から教わろう

治療の一環として、動物病院で処方された薬を家庭で投与しなくてはいけない機会は多くあるもの。まずは正しい薬の飲ませ方、与え方を獣医師から教えてもらうようにしよう。

動物病院で処方される薬は、正しい用法・用量を守ることが安全につながる。自己判断で薬を減らしたり中断したりしないこと。

良い獣医師ならば、犬に負担の少ない薬の与え方をきちんと教えてくれるもの。とくに子犬の時期に嫌な思いをさせてしまうと一生投薬できなくなる可能性があるので、まずはしっかり教えてもらおう。ここでは最も一般的な投与方法を紹介している。

また、投薬する人に有害になる薬もある。妊婦や病気の人がいる家庭では処方された薬の安全性も獣医師に確かめておきたい。

●飲む薬

口から飲み込み胃や小腸で溶けて吸収される内服薬は、錠剤、粉薬、カプセル剤、シロップ剤などの種類がある。錠剤は口を開けさせて奥のほうに入れる。粉薬は水に溶かして上顎の内側や歯茎の外側など、犬が舐めやすい場所に塗布する。カプセル剤は錠剤と同様、口の奥に押し込むか、中身の粉末を出して水に溶くなどして与える。シロップ剤はスポイトや注射器で吸い取って与える。

どうしても飲まない時には無理強いはせず獣医師に相談を。日頃から口周りや口の中に触れるよう、練習しておくことが大切だ。

●塗る薬

皮膚の治療に使われることが多い塗り薬はローション、クリーム、軟膏などがある。使用する部位によって使い分けるが、主にローションやクリームは舐めやすい部位に、軟膏は舐めにくい部位に使用する。また、病状によっては塗る方向に注意が必要。皮膚糸状菌症などの感染症の場合は、患部が広がらないように内側に向かって塗ること。吸収を良くするために食事や散歩の直前に塗ると良い。

●垂らす薬

垂らす薬は目や耳、鼻に使用する点眼薬、点耳薬、点鼻薬など。いずれもピンポイントで薬を垂らすため、犬が怖がったり、嫌がったりすることは少なくない。難しい場合は、薬を垂らす人、犬を固定する人の二人がかりで行うと比較的スムーズに対応できる。

消化器の病気

食道から肛門まで、食べ物を消化する役割を持つ一連の臓器に関する病気をまとめた。消化器疾患にかかると栄養がうまくとれなくなることが多い。早期発見・治療に努めたい。

消化器の流れ

小腸…空腸、回腸
大腸…結腸、直腸

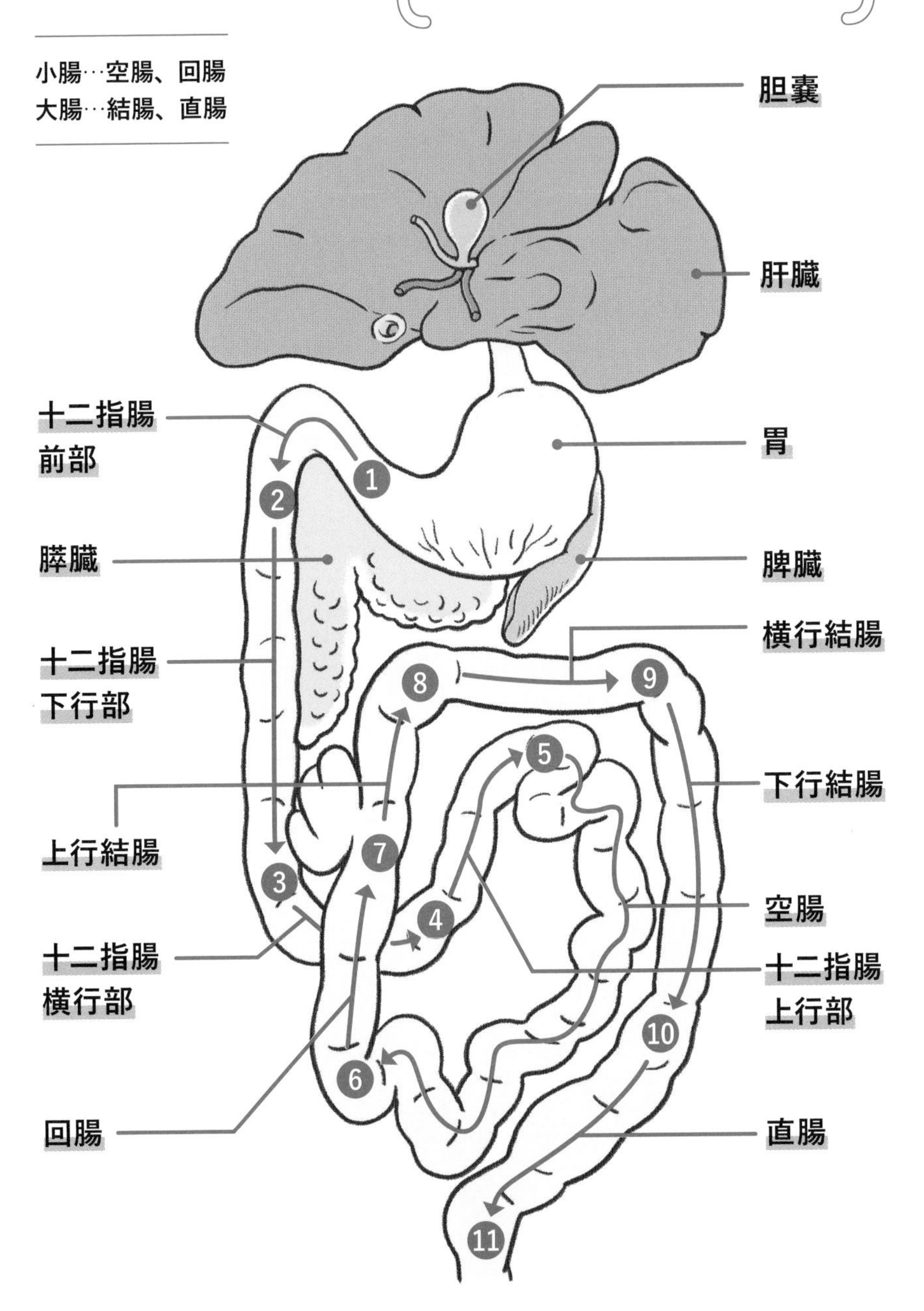

臓器から分泌される消化液

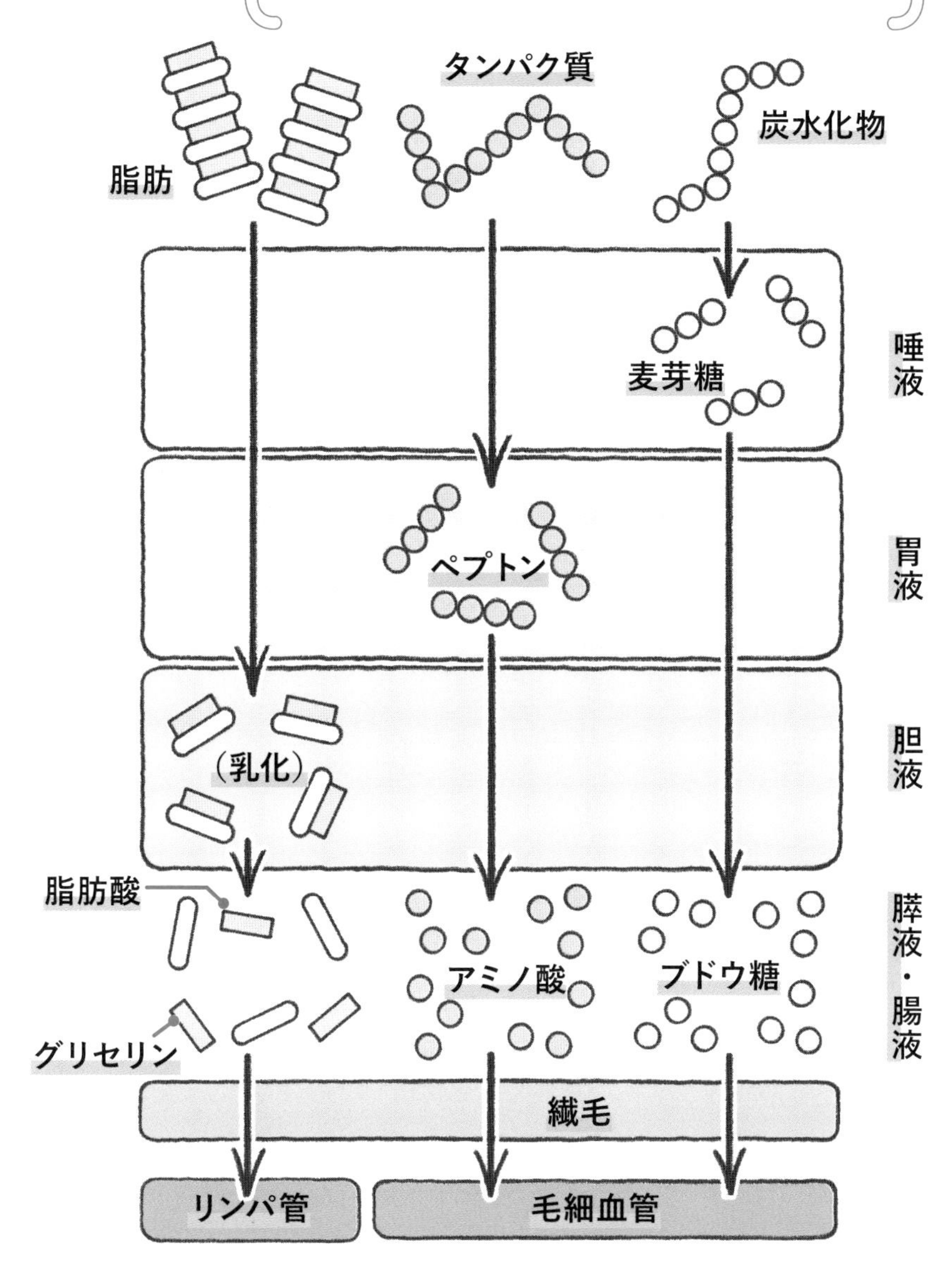

３大栄養素（炭水化物、タンパク質、脂肪）は、消化器の各器官から分泌される消化液によって糖やアミノ酸などに分解される。それぞれの分泌液で消化・分解できる栄養素は決まっている。糖やアミノ酸は毛細血管、リンパ管に吸収され、体の各器官に運ばれていく。

食道炎

…しょくどうえん

症状

- ヨダレが増える
- 食欲不振
- 震える
- 嚥下運動が増加する
- 頭を伸ばして立つ
- 飲み込む時に痛がっている
- 咳が出る
- 巨大食道症を発症する

原因

食道とは、口から取り入れた食べ物が胃の中に入る前の通り道。その**食道に炎症が起こる病気**。

原因は、刺激のある物質を飲み込むこと、薬・異物による外傷、過度の嘔吐や全身麻酔などでの胃酸の逆流（逆流性食道炎）などが挙げられる。

食道炎を起こすと食道括約筋がゆるむため、さらに胃液が食道内に入りやすくなる。そのため食道炎はどんどん悪化していく。**悪化すると巨大食道症や食道狭窄を引き起こし、治癒が困難となってしまう**。

これらの慢性化、または重度の食道炎では、食欲不振の他に沈うつ、脱水などが見られ、長期間続くと痩せていく。誤嚥性肺炎と合併すると、咳や呼吸困難などの症状も出てくる。

治療

食事をとることで悪化するので、**動物病院に行く前には食べ物を与えず、水だけ飲ませるようにする**。

身体検査、バリウムなどによる食道造影X線検査、内視鏡検査などで食道炎の状態や原因を確認し、治療方法を検討していく。

原因となる疾患の治療を行い、同時に炎症を抑えるために制酸剤、H2ブロッカー、粘膜保護剤などを使う。

食事には高タンパク・低脂肪フードを用いる。嘔吐がなければ流動食もしくは柔らかい食べ物を、少量ずつ頻回で与えるようにする。

重度の食道炎では、食道を休めるために胃ろうチューブを設置し、チューブを通して食べ物や水を与えることが必要となる。

食道拡張症

…しょくどうかくちょうしょう

症状

・吐き戻す
・歩行困難
・起立困難

原因

食道の一部または全体が拡大し、機能が低下して、食べ物をうまく胃に送れなくなる病気。先天的または後天的な原因で起こる。

先天的疾患の原因はわかっていないが、離乳後まもない子犬に見られることが多い。後天的の場合は重症筋無力症や甲状腺機能低下症、副腎皮質ホルモンが低下するアジソン病、特発性などが原因となる。

治療

通常のＸ線検査により診断する。食道拡張症で死亡するケースのほとんどは、咽頭の麻痺による誤嚥性肺炎なので、原因の病気が判明するまで待っていられないのが実状。原因が究明されるまでは、対症療法をメインとして行っていく。

水や食事を高い場所に置き、食後は立たせた状態を保持することで食べ物が胃に流れるのを助ける。咳き込む犬や世話の難しい犬には、胃ろう設置が薦められる。

また原因が特定できた場合は、その病気の治療も行う。元気な時も油断せず、誤嚥を防ぐ配慮が重要である。

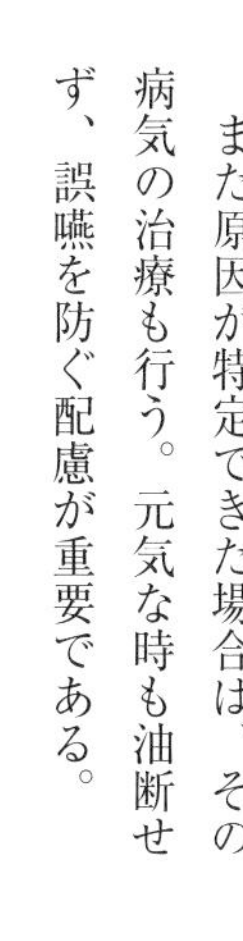

胃のつくり

❶胃底部
胃の上部で噴門に近い部分。横隔膜に接している。

❷胃体部
胃の中心部分。

❸幽門部
胃の出口に近い部分。

総胆管
肝臓で生産され、胆嚢で凝縮された胆汁を十二指腸に流す管。

食道

噴門
食道からつながる胃の入り口部分。

大十二指腸乳頭
十二指腸内にある小さな盛り上がり。穴が空いていて、総胆管とつながっている。

幽門
胃の出口部分で、十二指腸につながっている。

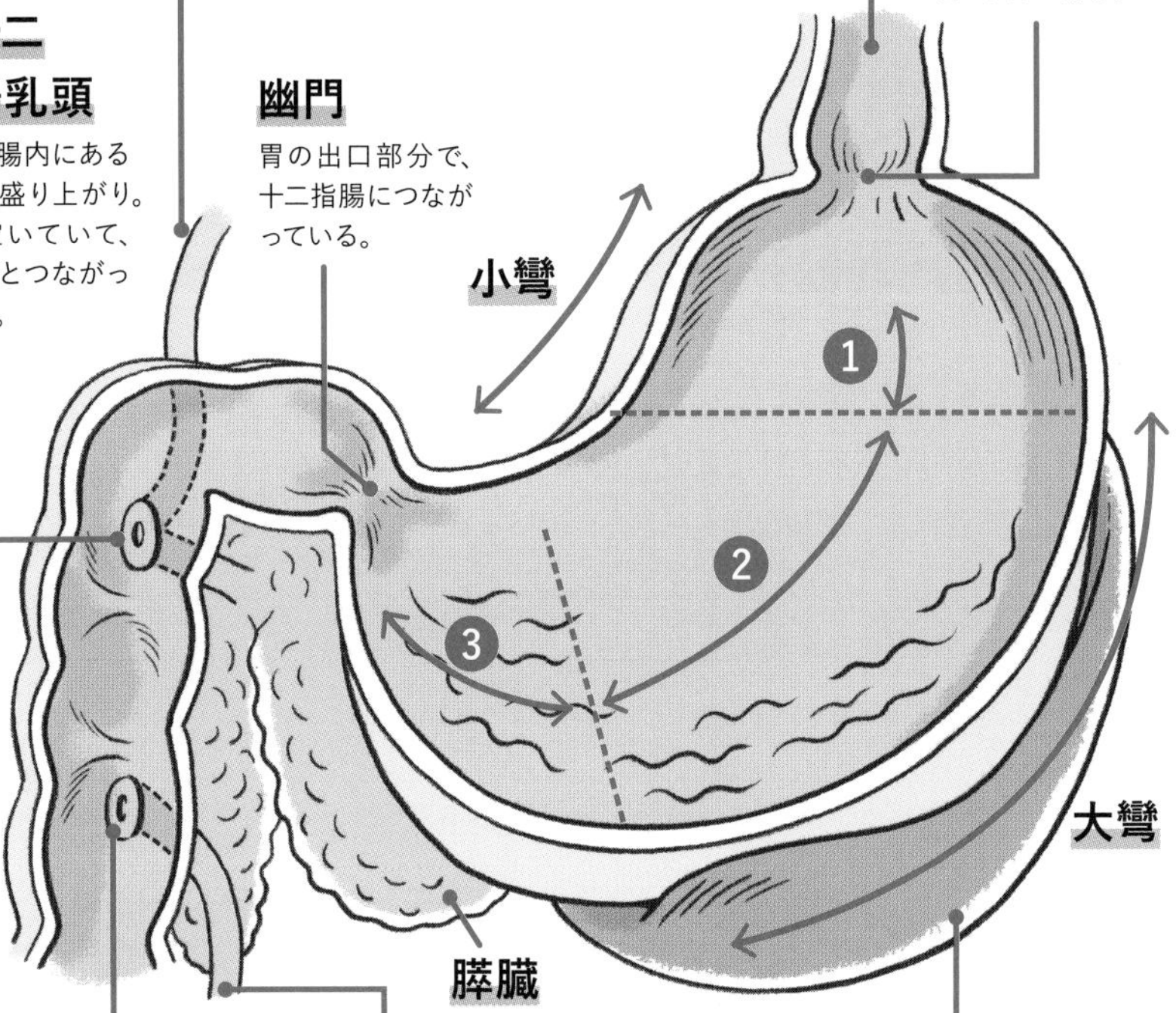

小彎

大彎

膵臓

小十二指腸乳頭
十二指腸内にある小さな盛り上がり。穴が空いていて、副膵管とつながっている。

副膵管
膵臓で生産された膵液を十二指腸に送る管。

脾臓

—— 胃の役割

●**胃に入ってきた食べ物と消化液を混ぜ合わせて、消化する。**

胃炎・胃酸分泌過多

…いえん・いさんぶんぴつかた

症状

・嘔吐する
・食欲不振
・体重減少
・沈うつ
・胃液だけの嘔吐を繰り返す
・草を食べる
・吐血する

原因

胃粘膜の炎症に伴う急性、または慢性に嘔吐する病態を胃炎という。

急性胃炎は24～48時間以内に治る原因不明の急性嘔吐で、誤食、中毒、薬物、ウイルス感染、過剰な免疫応答、尿毒症、肝不全、膵炎、アジソン病などが原因となる。

慢性胃炎は治療に反応することなく嘔吐が数週間持続する場合をいう。リンパ球形質細胞性胃炎、好酸球性胃炎、萎縮性胃炎、肥厚性胃炎などがある。

また胃炎の理由のひとつに挙げられるのが「胃酸分泌過多」になる。これは胃の中が空っぽにも関わらず、胃酸が過剰に分泌される状態。**過剰に分泌された胃液は、自らの胃粘膜を刺激し続けるので嘔吐が起こる**。吐瀉物は胃液のみで、胃の内容物を吐くことがないのが特徴。明け方や夕方の食事前に吐くことが多い。

1ヶ月に1回吐く程度ならばさほど問題ないが、1週間に1回以上吐く場合は、放っておくと胃炎から胃潰瘍となり吐血することもある。刺激物を食べたり、環境の変化などによるストレスでも胃酸分泌過多となる。

治療

病歴や身体検査による除外診断、治療に対する反応を見ながら、血液検査、尿検査、糞便検査を行う。また、アジソン病を否定するためのＡＣＴＨ刺激試験を行い、Ｘ線や内視鏡検査で異物や腫瘍を除外する。

症状が7日以上続いていて悪化する場合には、内視鏡検査で観察と胃粘膜の生検を行って病理検査をする。

治療は、まず12～24時間の絶食を行う。次に低脂肪低繊維の低刺激性かつ低アレルギーフードを与え始める。

中等度以上の症状では、制吐剤や消化管運動機能改善薬、胃粘膜保護剤、胃酸分泌抑制剤を使用する。

胃酸分泌過多だと診断されたら、**食事の時間を遅くする、回数を増やす、食事の内容を変えてみる、などの対処を行う**。改善が見られないなら、他の疾患との区別をしたうえで、胃酸分泌抑制剤などを投与していく。ストレス原因を解決することも有効となる。

胃食道裂孔ヘルニア・胃食道重積

……いしょくどうれっこうへるにあ・いしょくどうじゅうせき

症状

- 食欲低下
- 嘔吐
- 元気消失

原因

横隔膜は、腹部と胸部を隔てている膜。この横隔膜には食道や血管、神経を通す食道裂孔が開いており、本来は食道と胃の境界部にある噴門を閉めることで、胃の内容物の逆流を防ぐ働きを担っている。

この噴門部と胃体部の一部が食道裂孔から胸腔内に飛び出すことで、吐き気を催したり呼吸が荒くなったり、胃酸が逆流して食道炎を起こしたりする状態が胃食道裂孔ヘルニアである。

原因は不明だが、食道や血管と横隔膜がつながっている穴が生まれつき大きいと、その隙間から胃が飛び出しやすくなる。この病気は子犬の頃から見られ、呼吸が速かったり、他の兄弟よりも発育が悪くなることもある。

この胃食道裂孔ヘルニアの病態のひとつとして分類されるのが「胃食道重積」となる。胃の上部にある噴門部や胃体部の一部が食道内に入り込む病気で、犬に起こるのはまれである。ただし、子犬のうちに胃拡張を起こした犬の場合、胃食道重積になることがある。

治療

胃食道裂孔ヘルニア、胃食道重積ともに、バリウム造影X線検査や内視鏡検査、CT検査を行って診断する。

治療方法は、開腹手術にて広がった食道裂孔部を整復するとともに胃固定手術を行う。

胃食道裂孔ヘルニアは先天性のため予防することはできないが、日頃から食事の様子や発育の状態をよく見ておき、心配なことがあれば早めに動物病院を受診すること。

胃拡張胃捻転症候群

…いかくちょういねんてんしょうこうぐん

すぐに病院へ

症状

・ヨダレをダラダラ流す
・吐くしぐさを頻繁にする
・お腹を痛がっているそぶりを見せる
・急激に腹部が膨れる
・呼吸困難、虚脱を起こしている
・粘膜が蒼白になっている
・ショック状態に陥っている

原因

過度の胃の拡張あるいは捻転が起こり、急激に胃が膨らみすぎることで腹部大動脈および大静脈が圧迫される。それにより**血行が遮断されてしまい、ショック状態に陥って死に至る急性の病気**である。

原因はわかっていないが、ほとんどが食後や飲水後すぐの運動の後に起こっていることから、胃内容物に反応した胃の動きと激しい運動による胃の揺さぶりが合わさり、胃が異常な動きになって捻転や拡張が起こると考えられる。また、激しい運動などで息が荒くなり、大量に空気を飲み込んで起こる場合もあるとされる。

胃が捻れてガスが抜けにくくなると胃の拡張が進行し、横隔膜を圧迫し換気が阻害され、呼吸もしにくくなる。

治療

命に関わるため、緊急処置が必要となる。まず過度に胃が腫れている場合は、太めの針を腹壁から腫れた胃に刺してガスを抜いて減圧する。次に意識のある場合は、X線検査で胃拡張か捻転かの区別をする。

意識がない場合には、針で減圧しながらカテーテルを口から胃に通してみる。カテーテルが胃に容易に入ったならば胃拡張と判断できる。捻転のほとんどはカテーテルが胃の中まで入らないからだ。捻転した胃は減圧してもすぐにガスの貯留が始まり、やがて胃壁が壊死してしまうので、緊急の開腹手術を行う。

予防には、食事を小分けにして一度に多く食べさせないようにする、食後の運動を控えるなどの管理が大切。

胃の腫瘍（胃癌）……いのしゅよう（いがん）

症状

・食欲が落ちた
・食欲がない
・嘔吐
・吐瀉物に血が混じる
・体重が減少する
・元気消失

原因

胃の腫瘍はほとんどが腺癌（腺組織と呼ばれる上皮組織から発生する癌）であり、8歳以降のシニア犬にまれに発症する。腺癌は進行の早いものが多く、治療したとしても予後はあまりよくない。

また**胃の腫瘍は、かなり進行しないと症状が現れにくい**ため、発見された時にはすでに末期ということもめずらしくない。最も多く見られる症状は食欲不振、嘔吐。時間の経過とともに吐く回数が増え、吐瀉物に血が混じるようになる。

治療

基本的には外科的治療で、胃を広範囲に切除する。ただし、リンパ腫の場合は主に抗癌剤治療が行われる（156ページ参照）。

しかし、発見した時にすでに末期で切除が難しかったり、転移していることも多い。また手術がうまくいったとしても再発・転移の可能性も高い。そのため術前に摘出範囲を超音波検査やCT検査で確認してから行う。

予防方法はないが、早期発見ができれば治療の可能性は高まる。健康診断を定期的に行うと同時に、嘔吐などの症状がある場合は早急に動物病院を受診しよう。

肝臓・胆嚢のつくり

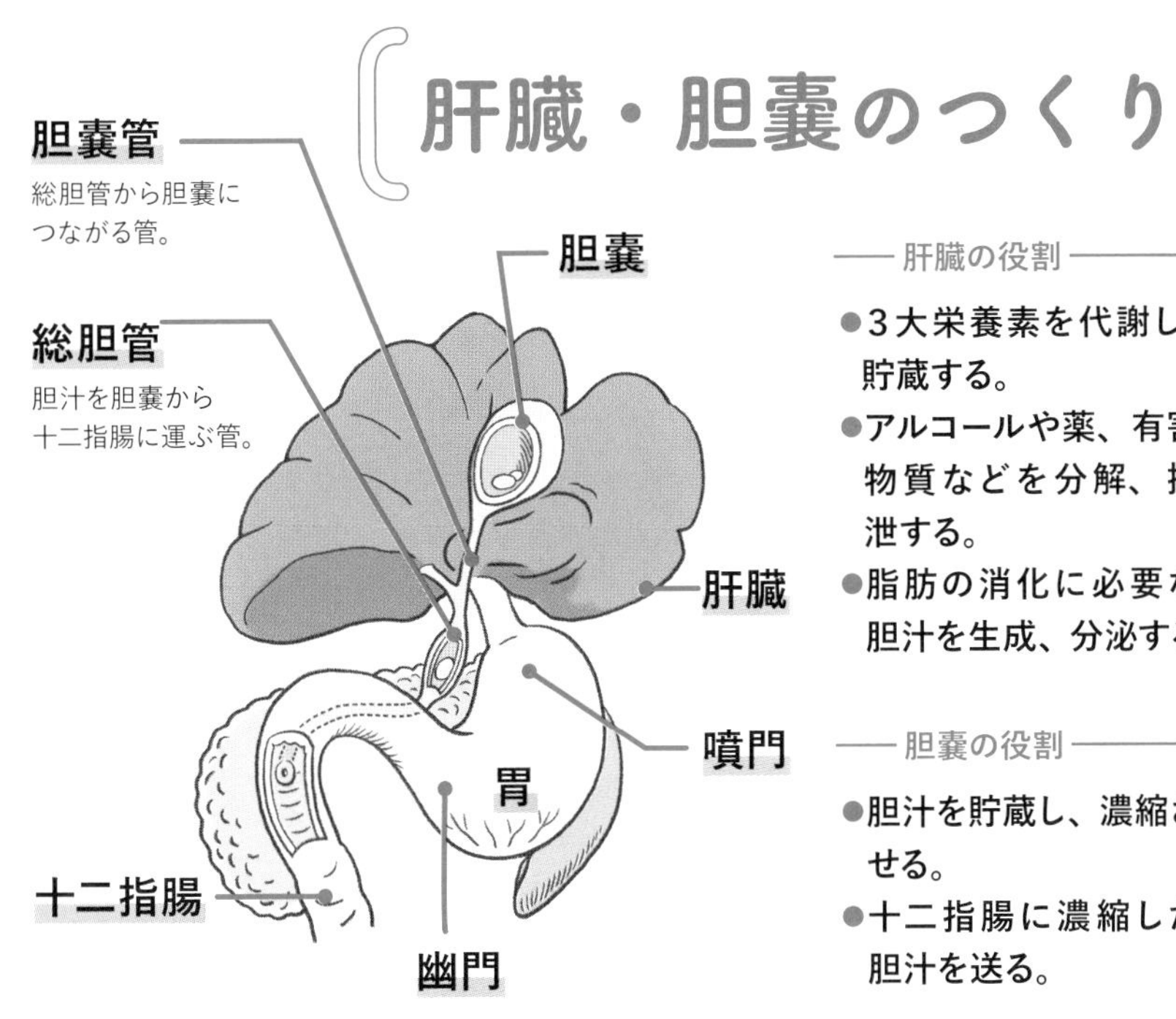

肝臓の役割

- 3大栄養素を代謝し、貯蔵する。
- アルコールや薬、有害物質などを分解、排泄する。
- 脂肪の消化に必要な胆汁を生成、分泌する。

胆嚢の役割

- 胆汁を貯蔵し、濃縮させる。
- 十二指腸に濃縮した胆汁を送る。

膵臓・脾臓のつくり

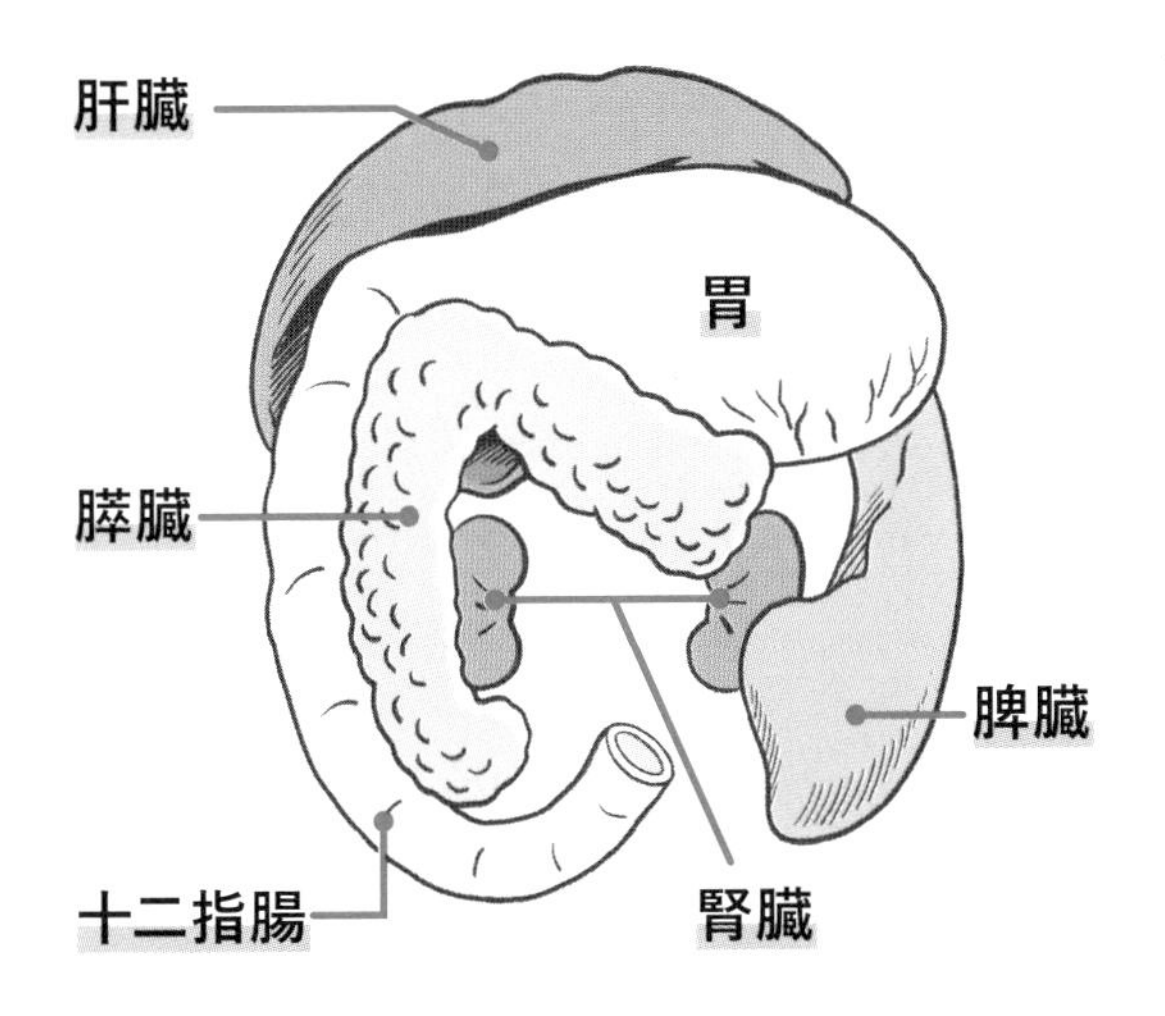

膵臓の役割

- 消化液である膵液を生成、分泌する。
- インスリンなどホルモンを生成、分泌する。

脾臓の役割

- 血液中の古くなった赤血球を壊す。
- 病原菌に対する抗体を作る。
- 新しい血液を溜める。

慢性肝炎 …まんせいかんえん

症状

・慢性的な食欲不振　・黄疸
・腹水が溜まる

原因

名前の通り**慢性的な肝臓の炎症であり、やがて線維化が起こり最終的には肝硬変となる疾患**。銅関連性肝炎と特発性肝炎の２タイプがあるが、犬ではほとんどが特発性肝炎である。

銅関連性肝炎は、銅の代謝機能に障害が起こり、肝臓に銅が溜まって炎症を引き起こすもの。遺伝性疾患と急性銅中毒によるものがある。特発性肝炎は、特発性のため原因は不明。自己免疫、レプトスピラや犬アデノウイルスⅠ型などの感染、薬剤などが関与することが知られている。

どちらも、軽度から中等度の場合は元気消失・食欲低下する程度だが、重度になると腹水貯留、黄疸、血液凝固異常、けいれん発作などが見られる。

さらに進行すると頻繁にけいれんするようになり、難治性の消化管出血が続き、死の転帰をたどる。

治療

銅関連性肝炎の場合は**銅を制限した食事を与え、銅のキレート剤を投与す**る治療が一般的。特発性肝炎の場合はシクロスポリンなどによる**免疫抑制療法を用いる**ことが有効である。

急性肝炎 …きゅうせいかんえん

症状

・頻回の嘔吐　・食欲不振　・黄疸
・炭のように真っ黒な海苔状便
・けいれん、ショック状態

原因

アデノウイルスⅠ型、ヘルペスウイルス（新生児）などのウイルス感染や、レプトスピラなどの細菌、バベシアなどの寄生虫、化学物質などによる中毒が主な原因となる。

ほぼ無症状のまま完治するものから重篤な肝不全を起こすもの、慢性肝炎へと移行するものまで、様々である。

治療

血液検査を行うとＡＬＴの顕著な上昇が見られ、肝臓の実質が障害されるとＡＳＴの上昇も見られる。ＡＬＰの上昇は軽度である。

原因を特定するためには、これまでのワクチン接種歴や他の動物との接触歴、投薬歴、摂取したものなどについて調べる必要がある。普段からこれらの情報をしっかり記録しておこう。

治療には輸液による体液の管理、細菌感染の治療、敗血症の予防を行う。

肝臓の非炎症性疾患

肝臓の非炎症性疾患は、感染性と非感染性に分けられる。

●門脈体循環シャント

症状

- 発育不良
- 嘔吐
- 甘い口臭
- ヨダレが多くなる
- ふらつき、旋回、発作
- 膀胱内アンモニア結石

原因

通常、食べ物から摂取したタンパク質は体内で代謝され、その結果アンモニアなどの毒素が作られる。毒素は腸管から吸収され、門脈という血管を通って肝臓に運ばれ、肝臓で化学的な処理が行われて無毒化する。

門脈と全身の静脈をつなぐ余分な血管「シャント血管」があることで、肝臓で無毒化されるはずの毒素が処理されないまま全身を巡り、様々な症状が起こる病気。先天性と後天性があるが後天性は門脈の血圧上昇や、重篤な肝炎、肝硬変などが原因となる。

治療

軽度の場合や外科的治療の前後は、内科的治療として**投薬や食事療法で症状を安定・緩和する**。症状が重い場合や根本的治療には、**外科手術でシャント血管を閉鎖**する。

●先天性肝障害（原発性門脈低形成）

症状

- 多くは無症状。健康診断などで肝臓数値の異常が認められ、肝臓の生検で確定診断となる
- 重度だと腹水貯留が見られる

原因

肝臓内門脈の発育不全によって門脈**内の血液が肝臓まで到達しなくなり、肝障害を引き起こす**先天性肝障害。

重度のケースだと、門脈圧亢進に伴うシャント血管が認められることも。

治療

治療は必要ないことが多い。門脈圧亢進を引き起こしている場合は肝臓用療法食を与え、ステロイド剤やシクロスポリンの投与が必要となる。腹水には利尿剤投与などの治療が必要。

肝臓腫瘍

…かんぞうしゅよう

症状

・食欲が落ちてきた
・毛艶が悪い
・腹部が膨らんでいる
・身体をかゆがる
・多飲多尿
・体重が減ってきた

原因

肝臓にできる腫瘍は、肝臓や胆管から原発性に発生した肝細胞癌・胆管癌と、別の部位に発生した悪性腫瘍が転移した転移性肝臓腫瘍がある。転移性は主に血液やリンパ液を介して起こる。**転移性の肝臓腫瘍はすべて悪性であり、予後はかなり悪い**。

原発性肝臓癌の多くは悪性の肝細胞癌で、約50％を占める。比較的に進行がゆるやかで症状がなかなか出ないため、健康診断などで偶然に発見されることも多い。血液検査でＡＬＰだけが異常に高値になるのが特徴である。

原発性よりも多いのが転移性で、リンパ腫、肥満細胞腫、血管肉腫、乳癌をはじめ、ほとんどの悪性腫瘍は肝臓に転移する。肝臓に到達した癌細胞はわずかな転移だと検査で発見できず、**ある程度の大きさになって初めて認識できることが多い**。

治療

まず血液検査や胸部Ｘ線検査、腹部超音波検査、肝臓針生検などを行い、全身状態としこりの種類を確認する。血液検査においては進行すると肝数値の異常が見られるが、初期には異常を示さない。また、腹部超音波検査は腫瘤を発見するために非常に有効な方法である。さらに、ＣＴ検査で全身の腫瘍の発生部位や腫瘍の浸潤状況を知ることができる。

様々な検査を行い、切除が可能だと**判断されたら外科手術**となるが、切除が不可能と判断された場合は手術できないため、内科治療をメインで行う。

単発性の肝細胞癌であれば、切除後数年は無処置で元気に生活できるといわれている。

予防方法はないが、**早期発見できて早めに治療が行えれば比較的おだやかに病後を過ごせる可能性も高まる**。定期的な健康診断や日頃の愛犬とのスキンシップで、異常になるべく早く気づけるようにしたい。

胆石症（胆泥症）・胆嚢粘液嚢腫

……たんせきしょう（たんでいしょう）・たんのうねんえきのうしゅ

症状

- 時々吐く
- お腹を痛がる
- 食欲低下
- 急に元気がなくなる
- 目や皮膚が黄色い、尿が異常に濃い
- 突然死

原因

胆嚢粘液嚢腫、胆石症（胆泥症）はどちらも、胆汁に含まれるコレステロールなどが変性して結晶化し、胆嚢内に溜まる、あるいは総胆管に詰まることで様々な症状が現れる疾患。胆嚢内に胆汁成分が泥のようになって溜まる胆泥から始まり、重症化すると変性して胆石へと進行していく。

最も注意したいのは胆嚢粘液嚢腫である。胆泥がゼリー状になって固まるとともに胆嚢壁が壊死を起こし、胆嚢破裂を起こす病気である。

いずれも重症化するまで**無症状で、X線や超音波検査で偶然見つかることも多い。**進行すると全身に黄疸が生じたり、胆嚢が破裂して腹膜炎を起こす可能性もある。

原因には体質や細菌感染が関係しているといわれており、胆嚢炎や胆管炎を併発していることが多い。

治療

胆嚢粘液嚢腫では進行してからの手術はリスクが高いため、超音波検査で破裂の疑いが濃厚となった場合には、**重症化する前に胆嚢摘出手術を受けたほうが利点が多い。**

胆石症の場合、**黄疸症状が出ていないなら内科的治療や食事療法を行い、定期的な経過観察を行う。**

胆泥症であれば、利胆剤を投与して胆汁の分泌を促進し、流れを改善していくことや、食事管理などで消える場合もあるが、消えない場合は胆嚢洗浄を行うこともある。

黄疸症状と総胆管拡張の症状が強く出て内科治療で改善しない場合は、胆石の摘出手術を行い胆嚢も摘出する。

いずれの胆嚢障害も、**超音波検査を行わないと発見できず、病態もわからない。**例えば、胆泥や胆石は移動するが、粘液嚢腫は移動しないなどは、他の検査では確認することができない。

予防するには、定期的に超音波検査を受けること、高カロリーや高コレステロールの食事を控えること、適度な運動を行うことである。

突然、胆嚢や総胆管が破裂して緊急手術を行うケースもあるが、手術は非常に大変なことが多い。たまに吐くなど愛犬の少しの変化に気づいたら、早めに動物病院を受診することが大切。

急性膵炎 …きゅうせいすいえん

症状

・嘔吐　・腹痛
・ふらつき、けいれん

原因

様々な原因によって**膵臓に含まれる消化酵素が膵臓内で活性化して自己消化を起こし、炎症が広がる**ことで全身に症状が起こる。原因はよくわかっていないが、免疫、高脂肪食、食事内容の急な変化や誤飲、肥満などで引き起こされることが多い。全身麻酔などで血圧が低下し、膵臓の血液量が低下することでも起こることもある。中性脂肪の高い犬は発症リスクが高い。

治療

血液検査やX線検査、超音波検査、臨床症状などを合わせて診断する。

治療は**入院して管理しながらの対症療法をメインに行う**。点滴で膵臓の血液の流れを改善したり、膵炎改善剤、制吐剤や鎮痛薬を投与したり、食事療法も行う。早期発見によって重症化を抑えることが大事。

ごく軽症なら点滴や内服薬を投与しながら通院治療するケースもあるが、急に悪化しやすいので、こまめな通院や観察が必要となる。

膵外分泌不全 …すいがいぶんぴつふぜん

症状

・体重減少
・色の薄い未消化便
・食欲増加

原因

膵臓は、インスリンなどのホルモン分泌を行う内分泌と、消化酵素を分泌する外分泌の働きを担っている。膵外分泌機能不全は、このうちの**消化酵素の分泌が何らかの原因で妨げられて、消化吸収不良が起こる病気**。

膵外分泌不全は、慢性膵炎の結果として膵臓の実質（膵腺房細胞）が必要以上に破壊されることが、最も多い発症原因だといわれている。その他、腫瘍などで膵臓実質が破壊されること、遺伝的要因による腺細胞の萎縮などが発症原因に挙げられる。

治療

糞便検査や血液検査で診断する。**不足している消化酵素の粉末を食事に混ぜるなどして投与する**。またビタミンB12も投与する。小腸内で細菌の過剰増殖を併発するリスクを抑えるため、抗菌薬を用いることもある。

低脂肪で消化しやすい食事を心がけて、併発しやすい糖尿病などを予防することも大事となる。

小腸・大腸・肛門のつくり

肛門
便や体内のガスを排出する穴。

大腸
小腸からつながっていて、水分やナトリウムを吸収する。便を硬くして、肛門に送る。結腸・直腸を合わせて大腸とする。

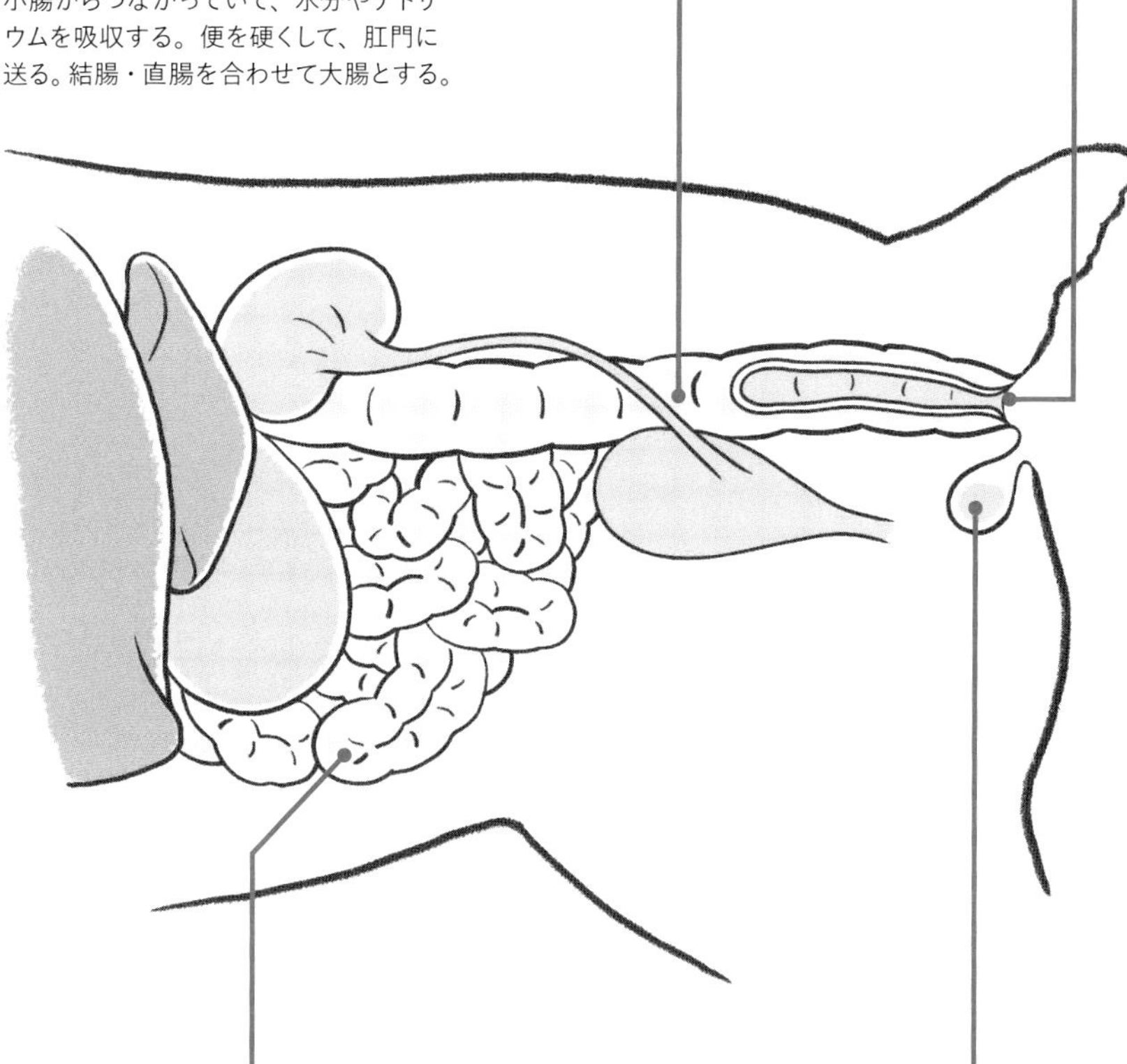

小腸
十二指腸からつながっていて、食べ物の消化・吸収を行っている。体で一番長い器官。回腸・空腸を合わせて小腸とする。

肛門嚢（肛門腺）
個体を識別するための、強いにおいのする分泌物を生成する。

腸閉塞

…ちょうへいそく

症状

・元気消失
・食欲がまったくなくなる
・下痢、嘔吐、脱水症状
・腹痛

原因

何らかの原因で腸管がふさがれ、内容物が通過しなくなった状態。腸が完全にふさがれている場合と、腸の内容物が通過障害を起こしている場合がある。腸管の中がふさがってしまう「機械的閉塞」と、腸管が正常な動きをしなくなる「機能的閉塞」があり、とくに「機械的閉塞」は緊急性が高い。

腸管がふさがってしまう理由は様々考えられるが、一番気をつけたいのが誤飲になる。おもちゃや庭石、梅干しや桃の種、湿布薬、タオルやヒモ状のものを飲み込んでしまい、腸がふさがってしまうことが多い（誤飲・誤食の詳しい記事は74ページを参照）。ボストン・テリアは引っ張りっこが好きな犬種なので、引っ張りっこした際におもちゃが千切れて飲み込んでしまうというケースもあり得る。

その他、重度の腸管癒着（腹腔内に炎症が生じて、腸管と他の器官が癒着してしまった状態）、腸管腫瘍、腸捻転、重度の腸重積（腸管の一部が後ろの腸管に引き込まれ、重なってしまう状態）なども原因となる。

閉塞して閉塞部位の腸に穴が開く、壊死を起こすなどで腹膜炎を起こすとより重症化する。

治療

超音波検査やCT検査、造影を含むX線検査で診断する。閉塞が確認されたら手術可能かの判断のため、血液検査、血液化学検査、血液凝固系検査、心電図検査などを早急に行う。ほとんどの場合、当日に緊急手術を行って原因を取り除く。手術後は、最低でも3日以上の入院治療が必要となる。

出血性胃腸炎

…しゅっけつせいいちょうえん

症状

・突然の嘔吐
・元気がなくなる
・トマトジュースのような激しい下痢

原因

急性出血性下痢症候群とも呼ばれ、**突然の嘔吐と元気消失、トマトジュースのような下痢、そして血便にも関わらず血液濃度の上昇が特徴**。

急に嘔吐して元気がなくなったと思ったら、数時間後に激しい下痢が起こり、赤い水様便が大量に出る。ショック症状を起こすと血圧や体温の低下を招き、危険な状態に陥ることもある。

ウイルス性胃腸炎と症状が似ているが、他の犬にうつることはない。ウイルス性や細菌性の可能性も含めて**原因不明の場合を「出血性胃腸炎」と呼んでいる**。胃腸内での免疫異常、急激に強いストレスを受けた、不適切な食べ物などが原因になっている可能性はあるが、はっきりとはわからない。

治療

発症からすぐに輸液療法を行えれば助かる可能性は高い。嘔吐と下痢が治まるまで食事は控える。症状に合わせて抗生物質の投与などが行われる。

早期の治療が大事なので、突然の嘔吐が見られた、赤い水様性の下痢をした場合は様子見をせずに、すぐに動物病院を受診すること。

肛門嚢炎

…こうもんのうえん

症状

・お尻を地面に付けたまま前足で体を引きずって歩く
・肛門のあたりをしきりに舐める
・肛門の斜め下が膨らむ

原因

マーキングのための分泌液を出す肛門嚢に炎症が起こった状態。

肛門嚢に溜まった分泌液は、通常排便時に便と一緒に排泄され、マーキングの役割を果たす。しかし、うまく分泌液が排出されずに肛門嚢に溜まり続けるとそこに細菌が繁殖して、肛門嚢に炎症が起こる。症状が進むと、肛門嚢が破裂してしまうこともある。

治療

肛門嚢の状態を知るために、分泌液の検査をする。検査で**細菌の種類を特定できたら有効な抗生剤を投与する**。

肛門嚢に分泌液が溜まるスピードや犬が自分で上手に排泄できるかには個体差がある。愛犬が上手に排泄できないなら、飼い主が定期的に肛門嚢絞りをしてあげる必要がある。

タンパク漏出性腸症

…たんぱくろうしゅつせいちょうしょう

症状

・毛艶がない　・嘔吐、食欲不振
・軟便や下痢を繰り返す
・体重減少　・むくみ、腹水

原因

タンパクであるアルブミンとグロブリンの両方が腸管内部から多量に漏れ出し、血中のタンパク量が少なくなり、低タンパク血症となる病気。

原因不明のまま炎症細胞が腸粘膜に広がってしまう炎症性腸症（ＩＢＤ）や、腸粘膜、粘膜下織、腸間膜のリンパ管が何らかの原因で異常に拡張し、タンパク質が腸内に漏れてしまうリンパ管拡張症、リンパ腫が小腸に転移する小腸リンパ腫などが原因になるとされる。いずれも遺伝的素因に加え、食事や免疫が関係しているとされる。**性別や年齢を問わず発症する。**

治療

末期になるまで元気や食欲が落ちない犬も多く、下痢が止まらない、お腹が大きくなったという**命に関わる状態で動物病院を受診するケースも少なくない。**慢性消化器疾患の中でも重い疾患なので**早期発見・早期治療が必要。**

また、他にも低タンパク血症を起こす腎臓疾患、膵外分泌不全、アジソン病など重度の病気もあるので、しっかりとした鑑別診断が必要である。

診断は血液検査、血液化学検査、ホルモン検査、超音波検査、内視鏡検査で行う。原因によって、食事療法、免疫抑制剤や抗癌剤、利尿剤の投与など、様々な治療が行われる。原因や状態により治療が生涯続く場合もある。

腸内寄生虫

…ちょうないきせいちゅう

症状

・食欲不振　・嘔吐、下痢
・血便　　　・呼吸器症状

原因

回虫や鉤虫、鞭虫、瓜実条虫などを代表とする消化管内寄生虫によって、様々な症状を発する。詳しくは152ページを参照のこと。

大腸疾患

大腸に様々な異常が起こり発症する病気。ここでは代表的なものを紹介。

●大腸炎（だいちょうえん）

症状

- 下痢　・嘔吐
- 便に粘液が混じる
- 排便の回数が増える
- 排便が終わってもしばらく排便のポーズをとり続ける（しぶり）
- 血便

原因

大腸に炎症が起こる病気の総称で、原因は様々。食べ過ぎ、食べ慣れないものを食べたといった食事性、取り巻く環境の変化による精神的ストレス、季節の変わり目や夏の酷暑などによるストレス、ウイルスや細菌感染、鞭虫や原虫などによる寄生虫感染、リンパ球形質細胞性大腸炎などが原因の特発性、膵炎などによる代謝性、アジソン病などによる内分泌性、大腸にできた腫瘍やポリープ、腸重積などが原因として考えられる。服用している薬の副作用の場合もある。

治療

まずは便の検査、腹部触診などを行う。下痢に対しては、整腸剤や下痢止めを投与。寄生虫がいる場合は、駆虫薬も投与する。細菌性であれば抗菌薬を投与していく。また、症状が改善されるまで低脂肪食を与えるなどの食事療法を行う。**環境の変化や季節の変わり目によるストレスは、生活や環境が落ち着けば改善することが多い**。

大腸炎が繰り返される場合は、便のPCR検査、血液検査、X線検査、超音波検査を行う。必要に応じてCT検査なども行って原因を究明していく。

●大腸ポリープ（だいちょうポリープ）

症状

- 血便
- 便に粘液が混じる
- 排便が終わってもしばらく排便のポーズをとり続ける（しぶり）

原因

大腸（結腸および直腸）の粘膜にポリープができ、排便に支障が起きる疾患。腫瘍性と非腫瘍性に分類できる。腫瘍性は腺腫、癌に分けられる。非腫瘍性は炎症性ポリープ、過誤腫性ポリープなどに分類できる。

近年、ミニチュア・ダックスでよく報告されるようになったのが炎症性ポリープであり、ポリープに重度な炎症と出血が起こり、排便困難や排便痛、貧血など体にダメージを与える。

大きなポリープがひとつだけできる場合や、複数のポリープが同時にできる場合など、ポリープの形や大きさ、数は様々。発症のメカニズムは詳しくわかっていないが、免疫異常が関わっていると考えられている。

7歳以上の中高年期から増えるといわれている。

治療

直腸検査、便検査などを行う。最終的に判断するには、病理組織検査が必要になる。

炎症性ポリープの場合、**ステロイド剤や免疫抑制剤を投与していく**。同時に抗生剤も処方される。投与しても効果が見られない場合は、薬の種類を変更して経過を見ていく。

投薬で効果が出なかったり、ポリープが大型で排便困難になっていたり、直腸脱を起こしていたりする場合は、**直腸引き抜き術などの外科的切除**が行われる。

●大腸癌（だいちょうがん）

症状

・嘔吐、下痢
・便秘、便の異常
・食欲不振
・元気消失

原因

大腸に悪性腫瘍ができる病気。大腸ポリープが癌になるケースも、多くはないが報告されている。

治療

血液検査、X線検査、超音波検査で他に腫瘍がないか、リンパ節の腫れはないかを調べる。その後、腫瘍が粘膜面にある時は、細い針で細胞診をするか、腫瘍から病変を少量採取して病理検査を行う。

悪性と診断されたならばCT検査を行い、腫瘍の範囲と転移の有無を調べて治療法を検討する。

悪性腫瘍の治療方法は主に3つ。抗癌剤治療、放射線治療、手術の3点となる。獣医師と話し合って、治療の方法を決めていく。

大腸癌の場合、栄養状態が悪くなっていることが多いので、食事を管理することも重要になる。

会陰ヘルニア

……えいんへるにあ

症状

・肛門の周辺が膨らむ
・下痢が止まらない、便の回数が減る
・排便しようとしても出ない
・尻を痛がる
・尿が出なくなる

原因

7歳以上の未去勢のオスに多い。加齢と男性ホルモンの影響で骨盤周囲の筋肉が弱く薄くなって隙間ができ、**直腸の走行変位を起こしたり、小腸、膀胱、前立腺などの臓器、腹腔内脂肪などが骨盤腔内に入り込んでしまう。**

よく吠える、下痢をしやすい、便秘気味であるなど、腹圧の高まる要因や遺伝素因も発症に関係している。

外見では肛門周囲の一部あるいは全周が膨らむ。直腸の周囲の筋肉が薄くなって支えがなくなり、直線であった直腸がS字状に変位してしまう。排便時のいきみでさらに変位が進み、直腸のS字状カーブが強くなるので、**便が素直に直腸内を通過できなくなり、排便困難**となる。

出せなかった宿便はいきみの度にさらに硬く大きくなり、肛門脇が盛り上がってしまう。すると少量の軟便や水様便が続く状態になる。

また膀胱が骨盤腔内に入ると尿道が反転してしまうので、尿が溜まることに伴って尿道閉塞が起きやすくなる。

初期の段階では痛みが少ないが、相当苦しく不快な状態が続くので、早めの処置が重要だ。

治療

飛び出した部分や臓器の状態を確認するため、触診や直腸検査、必要に応じて超音波検査、X線検査を行う。

治療では**外科手術を行うケースが大半**。会陰部に飛び出した臓器を適切な位置に戻し、骨盤腔と腹腔の間に開いた穴をふさぐ手術を行う。

手術方法は何通りかあり、ヘルニアの程度や内容物で選択していく。再発を減らすために去勢手術も行う。

外科手術ができない場合は軟化剤を投薬し、指で盛り上がり部位を圧迫して排便しやすくする。

メスや去勢手術を行ったオスには発症が少ないため、若い頃に去勢手術を行うことが予防になる。また、無駄吠えしないトレーニングや散歩などでストレスを溜めないことも大切。

誤飲・誤食

…ごいん・ごしょく

症状

・嘔吐する
・下痢をする
・ヨダレが増える
・食欲がなくなる
・元気がなくなる

誤飲・誤食とは犬が口にしたものによって、様々な症状を引き起こすトラブルのこと。

原因

誤飲は口に入れたものを誤って飲み込んでしまうトラブル。おもちゃ、布、庭石、種子、スリッパ、ティッシュなどを噛んで遊んでいて、のどの奥に入ってしまうケースが多い。

誤食は食品や異物を食べてしまうトラブル。犬が中毒を起こす食品や果物の残り、人の薬、散歩中の拾い食いが事故の原因になりやすい。食欲旺盛で好奇心が強いボストン・テリアだと、届く範囲にあるものを口に入れてしまうケースもある。

誤飲・誤食したものの種類、量、大きさによるが、食道に詰まった場合は激しいヨダレ、激しい吐き気、呼吸困難などが見られ、短時間で命に関わる状態に陥ることもある。

胃内に落ちると嘔吐が主な症状となるが、その形や硬さ、成分によって胃粘膜への刺激が異なり、無症状から食欲不振、激しい嘔吐、慢性的な嘔吐、吐血などが見られる。

小腸に落ちると嘔吐よりも下痢が主症状となり、食欲不振、元気消失、腹痛なども見られる。中毒物質を飲み込んだ場合には、けいれんや血便、血尿、貧血、内臓障害なども見られる。

異変が現れるまでに時間のかかることもあるため、飲み込んでいる現場を見た場合、あるいは苦しがっている場合は、**時間に関係なく迷わず動物病院へ電話して指示に従おう**。

治療

夜でかかりつけ医が診療時間外の場合は、夜間救急動物病院などへ連絡する。できれば**犬が口にしたものの種類や量を確認し、破片や同じ物が残っていれば持参を**。検査や治療の方針を速やかに決められる。

飲み込んだものの種類や大きさ、止まっている位置を確認するため、まずはX線検査を行う。映りにくいものであれば、超音波検査やバリウム造影X線検査、CT検査などを行う。主な治療は次のようになる。

①催吐処置　異物が食道や胃にあり、吐かせても危険が少ないものであれば催吐剤を注射する。

②内視鏡　麻酔後、口から内視鏡と鉗

子を入れて異物を取り出す。

③開腹手術　催吐処置や内視鏡で取り出せないものは開腹手術を行う。異物を飲み込んでから時間が経ち、小腸に移動している場合も同様。

④胃洗浄・内科治療　中毒物質を飲み込んだ場合に行う。麻酔下で胃内を洗浄する。飲み込んである程度時間が経っていても、効果のある物質もある。洗浄後、活性炭などの吸着剤を胃に入れておくことが多い。ただし、固形の烏龍茶葉などを飲み込んだ場合は、胃洗浄を行うと茶葉からカフェインが溶け出して、より中毒性が増してしまうので胃洗浄してはならない。中毒症状を起こしているならば治療を行う。

予防

犬が誤飲・誤食しやすいものは、人の身近にあるものが大半。とくに1歳未満の犬は好奇心から異物を口にしやすい。**犬の安全を守るためにも環境整備を心がける。**部屋を整理整頓して、ゴミ箱の高さや置く場所を検討すれば誤食事故は起こりにくい。草むらではリードを短めに持つなど工夫する。

誤飲・誤食しやすいもの

●異物／飲み込むもの

- 飼い主のにおいのついたソックスやタオル、お菓子の味がついた子供用おもちゃ、使用後の湿布薬、食卓の肉やリンゴ、コインなどは、においを気にして食べてしまう。
- 中途半端な大きさのガムや骨を飲み込んでしまう。
- 散歩中に草むらに頭を入れ、一瞬で異物を飲み込んでしまう。

●毒物／中毒を起こすもの

・タマネギやニラ
ネギ類に含まれるアリルプロピルジスルフィドが赤血球を破壊して貧血を引き起こす。ネギ類そのものよりも、ハンバーグや肉じゃが、カレーなどの料理を誤食することが多い。

・コーヒーやチョコレート
コーヒーや茶葉に含まれるカフェイン、カカオに含まれるテオブロミンは、下痢や嘔吐、異常興奮、けいれん発作などの原因になる。

・人の薬
薬の種類や量によって症状は異なる。家族が飲んでいるのを見たり、落として転がったりした拍子に興味を惹かれ、飲み込んでしまうことがある。

動物医療で取り入れられる東洋医学

「病気までいかないが健康から離れている状態」を「未病」という。そんな未病にアプローチできる東洋医学に、動物医療の世界でも注目が集まっている。

犬の寿命が飛躍的に伸びた昨今、それに伴う生活習慣病や老化現象に苦しむ犬が多いのも事実。科学を基礎とし、様々な検査を行い、病気を特定して治療する西洋医学。そんな西洋医学の補完、代替え医療として鍼灸、ツボ療法、漢方薬など、体に優しく自然治癒力を高める東洋医学が注目されている。そして、西洋医学と東洋医学を統合した「統合医療」の取り組みが始まっている。

ストレス予防やダイエット、免疫力アップ、老化防止などにも効果がある東洋医学を取り入れて日々の生活の質の向上と健康維持に役立てることが期待できそうだ。

東洋医学を取り入れた動物病院が増えてきているが、まずはかかりつけの獣医師に相談することを忘れずに。

●ツボ療法

体内を巡るエネルギーが循環する経路上にツボは点在し、その数は700個。そのツボを押したり撫でたりすることで病変部へ刺激が届き、改善されるといわれている。体を温める、興奮を抑える、免疫力をアップするなど、ストレス解消、かゆみを抑える、免疫力をアップするなど、目的に合わせたツボを刺激するといい。ツボ療法は1日1~2回、少しずつ毎日続けると効果が現れる。ただし、愛犬が体調を崩していたり、ケガをしている場合は控えること。

●鍼灸治療

西洋医学では治療しても改善がなかなか見られない、ある一定の疾患に効果が期待できるといわれているのが鍼灸治療だ。

鍼は、椎間板ヘルニアによる起立不能や、股関節形成不全や膝蓋骨脱臼による疼痛などに効果を発揮することもある。最近ではツボにレーザー光線をあてるレーザー針治療も注目されている。

また、間接的にツボに熱刺激を与える温灸による灸治療は疲労回復、免疫力の調整、鎮痛効果などに有効的とされる。

いずれの場合も自己判断で始めるのではなく、必ずかかりつけの獣医師に相談することが大切だ。

泌尿器・生殖器の病気

泌尿器系の病気にかかるボストン・テリアは少なくない。尿が出ないと命に関わるため、すぐに気がつくようにしたい。生殖器の病気は去勢・避妊手術が予防になることもある。

腎臓のつくり

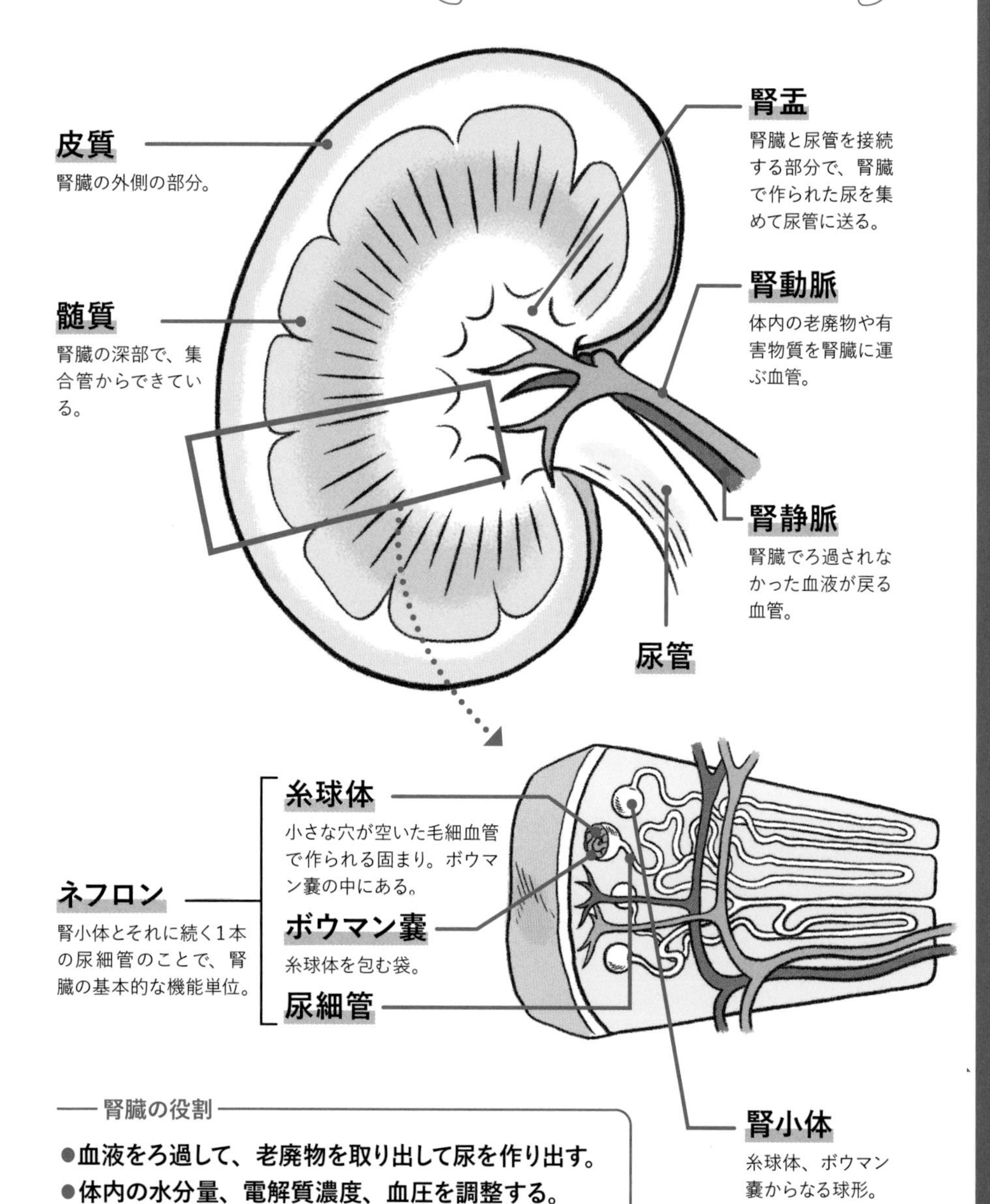

皮質
腎臓の外側の部分。
髄質
腎臓の深部で、集合管からできている。
腎盂
腎臓と尿管を接続する部分で、腎臓で作られた尿を集めて尿管に送る。
腎動脈
体内の老廃物や有害物質を腎臓に運ぶ血管。
腎静脈
腎臓でろ過されなかった血液が戻る血管。
尿管
ネフロン
腎小体とそれに続く1本の尿細管のことで、腎臓の基本的な機能単位。
糸球体
小さな穴が空いた毛細血管で作られる固まり。ボウマン嚢の中にある。
ボウマン嚢
糸球体を包む袋。
尿細管
腎小体
糸球体、ボウマン嚢からなる球形。

腎臓の役割

- **血液をろ過して、老廃物を取り出して尿を作り出す。**
- **体内の水分量、電解質濃度、血圧を調整する。**
- **ビタミンDを活性化させる。**

腎臓の疾患

ボストン・テリアによく見られる腎臓系の疾患を紹介する。

●急性腎不全(きゅうせいじんふぜん)・慢性腎不全(まんせいじんふぜん)

症状

【急性腎不全】

・排尿しない　・ぐったりする
・食欲がまったくなくなる
・嘔吐　・意識の低下　・けいれん

【慢性腎不全】

・初期は無症状　・多飲多尿
・食欲不振　・体重減少
・毛並みが荒れて色艶がなくなる
・貧血　・嘔吐　・けいれん

原因

腎不全とは腎臓の機能が低下した状態のことで、急性腎不全は急激に腎機能が悪化し、尿が作られなくなる状態。発見が遅れると命に関わる。結石が尿路をふさいでしまい腎臓から尿を送り出せなくなって腎臓に強く負担がかかったこと、ブドウなど中毒性物質の摂取、薬物、感染、重度の脱水などが原因になる。

慢性腎不全は自覚症状がなくゆっくりと進行するため、原因を特定できないことが多い。症状が現れる時には腎機能の約75%が低下しているとされる。原因には脱水、免疫異常、粗悪な食事、薬物、中毒、ウイルスや細菌感染、結石などによる尿道閉塞、腫瘍、遺伝性・先天性などがある。

治療

急性腎不全は、原因を取り除きながら利尿剤の持続微量点滴を行い、尿の産生を促す。治療によって一命を取り留める可能性はあるが、その多くは慢性腎不全となる。

慢性腎不全は病気のタイプや症状に合わせて食事療法、リンやカリウムなどの吸着剤、血圧降下剤、点滴治療、造血剤など組み合わせて治療を行う。失われた腎機能は回復できないので、残っている腎臓の機能を温存したり、進行を抑制したりしていく。

●腎盂拡張(じんうかくちょう)・水腎症(すいじんしょう)

症状

・無症状の場合もある　・嘔吐
・腹部、腰部の疼痛
・食欲不振　・発熱

原因

何らかの原因で尿管や尿道が詰まり尿がうまく流れなくなって、腎臓内の腎盂という部位が極度に拡張してしまう病態。腎盂は拡張しているが腎機能が残っている場合は腎盂拡張、すでに腎機能が消失している場合には水腎症と言い分けることもある。片側のみに発症すると無症状の場合もある。

尿管が詰まる原因には、腎臓や尿管

の先天性奇形、尿路結石、感染症、血餅、外傷、神経障害、腫瘍、尿管の手術後の合併症などが考えられる。

通常は片側性だが、尿管より下部の前立腺や膀胱、尿道の疾患が原因の場合は、両側性になることも。

治療

原因の疾患や腎機能の程度によって治療方針が決定される。まず、超音波検査や排泄性尿路造影X線検査で拡張した腎盂を検出して病態を診断する。

腎機能が残っていると判断された場合には、尿路の閉塞を取り除くため結石や腫瘤の摘出手術を行うが、尿管閉塞では人工尿管を設置することも。片側性で腫瘍や重度の感染、腎臓が巨大化して他の臓器を圧迫している場合などは腎摘出をする。

●腎嚢胞・腎周囲嚢胞

症状

- 無症状のことが多い
- 食欲不振、嘔吐　・お腹が膨らむ

原因

腎嚢胞は腎臓の内部、腎周囲嚢胞は腎臓の外側にできる嚢胞で、中に液体が貯留されている。小さくて少数の腎嚢胞は無害だが、嚢胞が大きかったり数が多いケースでは腎機能が低下してしまう。腎周囲嚢胞は、巨大化すると食欲不振や嘔吐が見られる。

発症の原因ははっきりしないが、**多発するタイプは遺伝性と考えられている**。どの年齢でも発生するが、年齢が上がると頻度は上昇する。

治療

小さな嚢胞は治療の必要はないが、大きな嚢胞は放置すると腎障害に陥る可能性があるので、定期的に貯留液を抜くか、エタノール注入する治療を行う。超音波検査で容易に発見できるので健康診断を定期的に受けるとよい。

●腎臓癌

症状

- 元気消失　・食欲低下
- 尿中に血液が混じる
- お腹が腫れる　・多尿
- 大きな腫瘤がある　・多血症

原因

腎臓にできる悪性腫瘍で、原発性腎細胞癌、腎リンパ腫、悪性腫瘍の腎転移などがある。

治療

超音波検査やX線検査、血液検査、尿検査、CT検査などを行い、腎機能の評価、腫瘍の大きさや周囲組織への浸潤度、転移病巣の有無など確認する。

また、針生検を実施して腫瘍がリンパ腫か、その他の腫瘍かを検査する。

リンパ腫と診断された場合は、抗癌剤などの化学療法を行うが、**程度によって摘出手術を検討する**。

膀胱の疾患

ボストン・テリアで覚えておきたい膀胱の疾患を紹介する。

● 膀胱炎（ぼうこうえん）

症状

- 頻尿　・尿のにおいが強い
- 尿の色が濃い、濁っている
- 血尿が出る、排尿の終わりに血が混じる
- 排尿姿勢になっても尿が出ない（残尿感がある）
- 尿漏れ
- トイレに間に合わない
- トイレ以外で排尿する
- 排尿時に鳴く
- 陰部を舐める

原因

膀胱に炎症が起こる病気で、細菌感染、膀胱結石、真菌感染、膀胱癌、精神的ストレスによって炎症が起こる。

また、糖尿病、クッシング症候群、前立腺炎、腎盂炎、脊髄疾患、歯周病など他の疾患が隠れている場合も。

犬では細菌性膀胱炎が最も多く、中でも膣の構造に問題があるメスは慢性化しやすいといわれている。細菌性膀胱炎は、膀胱結石の原因のひとつにもなっている。

治療

尿検査、超音波検査、X線検査、血液検査、尿の培養感受性検査などを行っていく。他の疾患が疑われる場合は、ホルモン検査やCT、MRI検査なども実施する。

とくに尿検査は重要で、いくつかの採尿方法がある。犬が排尿した時に、最初に出た尿を避けて採取する。採取した尿を獣医師に提出する時には「いつ、どのような状況で採尿したか」を伝えることも重要となる。

細菌感染が原因の場合は、感受性検査で得た適切な抗生剤の投与を2～3週間ほど行う。投薬で症状が治まっても少量の細菌が残っているケースもあるので、再度尿検査を行い、獣医師の指示に従うことが大切。

膀胱炎は、**排尿を長時間我慢させないこと、清潔な飲み水を十分に自由に摂取できる環境を作ることで、ある程度予防することができる。**

また、急性の場合は症状がわかりやすいが、慢性の場合は明確な症状が現れないこともあるので、定期的に尿検査を行うとよい。

尿検査は、腎臓疾患の早期発見、糖尿病、黄疸の有無など、膀胱以外の情報も得られるうえに、犬を動物病院に連れて行かなくてもできる比較的安価な検査。**毎月行うくらいの意識を持って存分に活用しよう。**

● 膀胱癌（ぼうこうがん）

症状

・血尿　・頻尿　・尿量が少ない
・尿の色が濃い
・排尿姿勢になっても尿が出ない
・尿のにおいが強い

原因

膀胱は尿を溜める袋状の臓器。袋の内側に移行上皮という粘膜があり、膀胱癌はこの粘膜に悪性腫瘍が発生する。原因は解明されていない。

治療

膀胱炎や膀胱結石など他の膀胱の病気と症状が変わらないので、発見が遅れることもある。超音波検査を行った際に膀胱内のポリープや、歪になった、もしくは肥厚した膀胱粘膜が確認されたならば膀胱癌を疑う。尿を用いた細胞診やＢＲＡＦ遺伝子検査、あるいは膀胱鏡検査などで診断する。

膀胱癌の多くは、診断時にはすでに膀胱全域に広がっているため、根治を目的とする外科的治療はあまり意味がなく、排尿困難の場合にのみ手術を行うことがある。

通常は、抗腫瘍効果のある非ステロイド性消炎鎮痛剤の継続内服で悪化を抑えていく。

異所性尿管 …いしょせいにょうかん

症状

・間欠的、または持続的に尿失禁する
・陰部がいつも汚れている
・尿漏れが多い

原因

片側、もしくは両側の尿管（左右の腎臓から膀胱につながっている管）が膀胱ではない場所につながっている先天性の病気。メスに発症例が多い。

尿管が膀胱を完全に迂回したり、膀胱の壁にトンネルを作り膀胱三角（膀胱底上部の左右の尿管口と内尿管口を結んだ正三角形の組織）を通り越して開口するものなどがある。まだ年齢が若いのに尿漏れする場合には、この病気が隠れていることが多い。

治療

静脈内に投与された造影剤によるX線検査で診断する。尿管を正常な位置で開口させる外科手術を行う。

重度の場合は、障害のある尿管と腎臓を摘出する。術後も尿失禁が続く場合は薬物療法を採り入れる。

膣炎や尿路感染症を引き起こす可能性があるので、普段から排尿の様子をチェックし、早期発見・早期治療を心がけること。

尿道閉塞・尿管閉塞・尿道損傷

…にょうどうへいそく・にょうかんへいそく・にょうどうそんしょう

症状

・元気消失
・食欲不振
・嘔吐
・頻尿
・尿が出ない
・排尿時、唸り声をあげる
・すごく痛がるそぶりを見せる

原因

尿管は、腎臓で作られた尿を膀胱へ運ぶ管。尿道は膀胱から尿の排泄口までの通り道のこと。尿管閉塞・尿道閉塞は、結石や尿道栓子（膀胱内の沈殿物などが固まったもの）、血液の固まり、腫瘍、炎症などによって、**尿の通り道である尿管や尿道がふさがってしまう病気**。

尿の排泄ができないと命に関わるため、**緊急の対応が必要となる**。1日尿が出ない、出ても少ししか出ないならばすぐに動物病院を受診すること。

メスよりも尿道が長くて細いオス犬に多く見られる。また、飲み水の量が減る寒い時期に起こりやすい。

交通事故や転落事故などによる腹部の強打や骨盤を含む骨折などで尿路が損傷してしまうケースもある。ボストン・テリアは総じて活発で、よくジャンプしたりソファなどから飛び降りたりする犬も多い。注意が必要だ。

治療

触診、超音波検査、X線検査、血液検査、尿検査、その他の検査を行い、尿管や尿道にカテーテルを入れての**閉塞解除、塞栓物の摘出手術、尿路変更手術を行う**。結石が原因の場合は、食事療法も行う。

事故や骨折で尿路が損傷した場合には、腎臓破裂、尿管断裂、膀胱破裂、尿道断裂などを起こすことがあるため、排尿状態の異常や尿毒症の発現などを観察する。損傷部位は尿道造影で確認する。**状態によってカテーテル術などの外科的手術を行う**。

生殖器のつくり

オス

前立腺
精液に含まれる前立腺液を作る。前立腺液には精子を保護する役目がある。

膀胱

尿道

陰茎

包皮

肛門

精巣
精子を作る器官で、男性ホルモンのテストステロンを分泌する。

陰嚢

メス

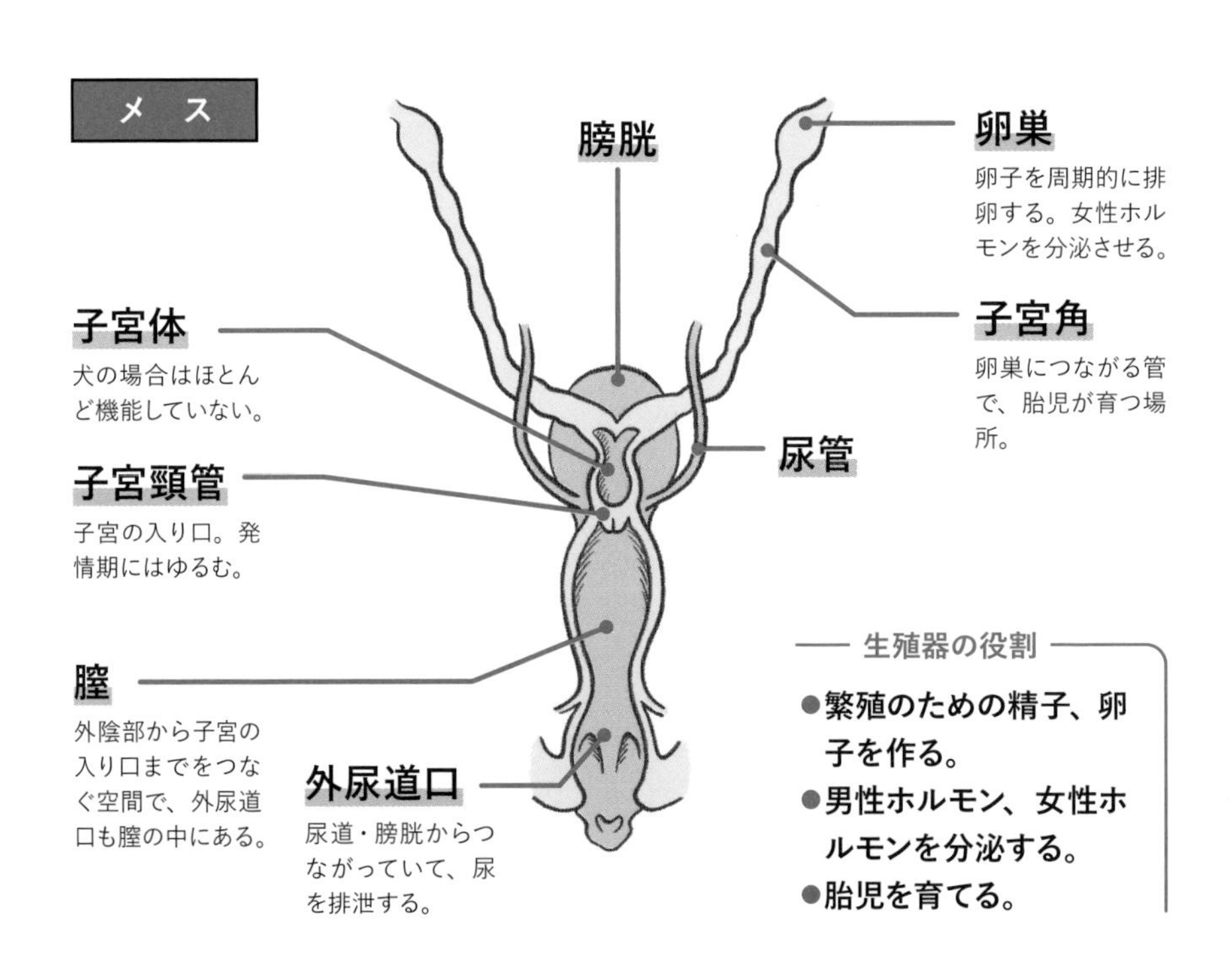

膀胱
卵巣
卵子を周期的に排卵する。女性ホルモンを分泌させる。
子宮角
卵巣につながる管で、胎児が育つ場所。
子宮体
犬の場合はほとんど機能していない。
尿管
子宮頸管
子宮の入り口。発情期にはゆるむ。
膣
外陰部から子宮の入り口までをつなぐ空間で、外尿道口も膣の中にある。
外尿道口
尿道・膀胱からつながっていて、尿を排泄する。

生殖器の役割

- 繁殖のための精子、卵子を作る。
- 男性ホルモン、女性ホルモンを分泌する。
- 胎児を育てる。

前立腺の疾患

オスは注意しておきたい前立腺の病気をまとめて紹介する。

●前立腺炎（ぜんりつせんえん）

症状

・元気消失　・食欲不振
・発熱
・血尿、濁った尿
・嘔吐、腹痛

原因

前立腺はオス犬の副生殖腺で膀胱の真後ろにある。**加齢により前立腺が肥大して、そこに細菌感染を生じて炎症を起こす**ことが多い。

未去勢の高齢のオスや、前立腺癌を発症している犬に出やすい。

治療

触診、血液検査、直腸検査、X線検査、超音波検査、尿検査、細菌培養、感受性検査などの検査を行う。尿や前立腺液の細菌培養や感受性検査の結果を元に、**適切な抗生剤を投与していく**。また、症状や状態に合わせて**止血剤、輸液療法、抗炎症剤なども使用する**。入院が必要になる場合もある。

さらに、感染が治まり安定したら去勢手術を実施する。

●前立腺肥大（ぜんりつせんひだい）

症状

・初期は無症状
・排便困難、便秘
・排尿困難

原因

6歳を迎えた去勢していないオス犬は、前立腺が自然に肥大して過形成を起こし、それに嚢胞形成を伴うこともある。良性肥大がほとんどであるが、まれに腫瘍（悪性）の場合もある。

犬の前立腺肥大は遠心性肥大で、前立腺そのものが大きくなる。**初期は症状が見られないことが多いが、次第に排便困難が現れる。末期には排尿困難**となる。なお、人の場合は、求心性肥大で初期は排尿困難となり、末期に排便困難となる。

男性ホルモンのアンドロゲンと女性ホルモンのエストロゲンのバランスが崩れると発症しやすくなる。**9歳以上の未去勢のオス犬ほとんどに前立腺肥大が認められる**。

治療

触診、直腸検査、血液検査、X線検査、尿検査、超音波検査などを行う。

去勢手術によって男性ホルモンの分泌が抑制されると前立腺の肥大は治まり、数ヶ月で元の大きさに戻る。

高齢で去勢手術が行えない場合は内科的治療を行う。ただし、症状の緩和にしかならず、投薬を中止すると再発してしまう。

●前立腺癌（ぜんりつせんがん）

症状

・元気消失　・食欲不振
・発熱
・血尿、尿の色が濁る
・繰り返す膀胱炎
・排便困難
・何度も排泄姿勢になるが尿が出ない
・後ろ足に跛行が出る
・骨が痛む

原因

前立腺に悪性腫瘍ができる病気。生後4～5ヶ月で去勢手術を受けた犬に多く発症することがわかっている。

前立腺癌の発生はかなり低いが、発生すると転移率が高く、腰下リンパ節に転移し、骨盤や腰椎に浸潤していく。すると強い痛みを生じ、後ろ足を痛がるようになる。そのため足の痛みから発見されることもある。

治療

触診、直腸検査、尿検査、血液検査、X線検査、超音波検査、CT検査などを行う。前立腺の外科的切除、放射線療法なども試みられるが、かなり進行してから発見されることが多いため完治は難しい。根本治療ではなく、進行を遅らせるために非ステロイド性抗炎症剤を使用することもある。

去勢と避妊で予防できる病気がある

生殖器の病気は、去勢・避妊で予防できたり、発症のリスク軽減ができることが多い。また去勢・避妊によって、オスはマーキング、マウンティング、メスの発情サイクルによる気分不安定など、性ホルモンの影響を受けた行動もほぼ抑制できる。メスも発情期のストレスを減らすことができる。愛犬の健康と寿命を考えるなら、去勢・避妊を真剣に考えておきたい。

●去勢・避妊で予防もしくはリスク軽減できる病気

オス…精巣腫瘍、前立腺肥大、肛門周囲腺腫、会陰ヘルニア など

メス…卵巣腫瘍、卵巣嚢腫、子宮蓄膿症、乳腺腫瘍 など

精巣腫瘍 …せいそうしゅよう

症状

・左右の精巣のサイズが違う
・後ろ足内側のつけ根に大きな固まりがある
・脱毛　・皮膚の色素沈着
・乳首が大きくなる　・貧血
・ペニスが小さくなる

原因

精巣が腫瘍になる病気で、**中高年齢の未去勢のオス犬に見られる**。悪性度の高いセルトリー細胞腫が多く、他にライディッヒ細胞腫、セミノーマがある。精巣が腹腔内に留まっている潜在精巣だと腫瘍化する確率が高い。また腹腔内にあるために発見が遅れる。

セルトリー細胞腫はリンパ節に転移し、肝臓、肺、腎臓に転移することもあるが、**腫瘍化した精巣は女性ホルモンをとめどもなく出し続ける**。そのため、乳首が大きくなる、正常な精巣や陰茎が萎縮するなど女性化が起きる。さらに、進行すると再生不良性貧血を発症し、命に関わることがある。

治療

触診、血液検査、直腸検査、X線検査、病理組織検査などの検査をして、診断する。**早期に精巣腫瘍摘出手術を行えば、ほとんどの場合命に関わることはない**が、重度の再生不良性貧血に陥っている場合には腫瘍摘出手術をしても助けられないことが多い。

潜在精巣の摘出や去勢手術で予防できるので、早めに獣医師に相談を。

卵巣腫瘍 …らんそうしゅよう

症状

・不規則な性周期　・発情の持続
・脱毛、毛並みの悪化
・食欲不振　・腹部が膨れる

原因

卵巣に腫瘍ができる病気で、**出産経験がない、または未避妊の中高齢のメス犬に多く見られる**。まれに2~3歳の若犬に見られる場合もある。悪性の場合は腹腔内のリンパ節、肝臓、腎臓、肺、腹膜などに転移することも。

治療

血液検査、X線検査、超音波検査の他にCT検査を実施。**すでに転移している場合以外の術前診断は難しく**、腹水が溜まっている場合は腹水検査を、卵巣が大きくなっている場合は卵巣子宮摘出手術を行い、**摘出物の病理検査で診断するのが一般的**。悪性腫瘍と診断されたら、予後判断のために超音波検査、X線検査などを定期的に行う。

避妊手術をしておくことで予防できるので獣医師に相談すること。

乳腺腫瘍 …にゅうせんしゅよう

症状

・数mmから数cmのしこりが、乳腺組織に単一または複数できる

原因

乳腺の組織の一部が腫瘍化する病気で、未避妊、または2回目の発情以降に避妊手術を受けた中高齢のメス犬の乳腺に発生する。数mmから数cmのしこりが脇の下から外陰部前までの乳腺組織に単一または複数できる。しこりを作らず、悪性度が高く経過の速い炎症性乳癌もある。

初めての発情前に避妊手術を受けた犬には発症がないことから、女性ホルモンなどの性ホルモンの関与、また遺伝的体質が関係しているといわれる。

良性と悪性の比率は約50%。悪性だが転移しにくく手術で根治可能なものが約25%、悪性腫瘍で転移・再発の可能性が高いものが25%だといわれている。悪性の場合は放置すると、まず近くのリンパ節に転移。その後、肺や脳、腹腔内のリンパ節や臓器に転移してしまい、最終的に死に至る。

治療

最初に乳腺腫瘍か否かを針生検などで調べ、次に転移しているか調べるために、X線検査、超音波検査を行う。明らかな転移が見られない時はCT検査などで全身の転移を調べる。この時点で転移が確認できた場合は、根治手術の適応外となる。

転移が見られず、手術に耐えうる体である場合は外科的切除を行う。切除の範囲は腫瘍の大きさや範囲、形、年齢、良性か悪性かなどで総合的に判断する。手術の際にリンパ節切除も行い、病理検査に提出。腫瘍が完全に摘出されているか、良性悪性の区別、付属リンパ節に転移がないのか、結果を待って診断を確定する。

悪性と診断された場合には、抜糸の頃に反対側の乳腺を摘出する。

未避妊なら同時に避妊手術を行う。

注意点として、乳腺全体が腫れていて熱感のある炎症性乳癌は手術してはならない。

日頃から愛犬の体を触って、ほんの小さなしこりも逃さず早期発見することが大切だ。

子宮蓄膿症
…しきゅうちくのうしょう

症状

・食欲不振 ・元気消失
・多飲多尿 ・嘔吐
・腹部が膨れる ・腹部の下垂
・外陰部の腫大
・外陰部から膿が出る
・外陰部を気にして舐める
・発情出血が長期間続く

原因

子宮の内側の膜が厚くなり、細菌感染を起こして子宮内に膿液が溜まってしまう病気。**出産経験がない、または繁殖を長い間休止している5～6歳以上のメス犬に多く見られる**。

プロゲステロンというホルモンが優位になり、免疫力が低下する発情休止期（発情期終了から約60日間）に細菌感染が起きやすい。大腸菌をはじめ、何種類かの原因菌が検出されている。

子宮頸が開いているか、閉じているかで開放性、閉鎖性に分かれる。開放性は外陰部から膿が排出されるが、閉鎖性では膿が子宮内に溜まってしまう。子宮に穴が開いたり破れたりして腹腔に細菌が漏れ出ると、腹膜炎を起こして短時間で死に至ることも。

治療

血液検査、X線検査、外陰部の視診、超音波検査、血液凝固系検査、細菌培養検査などにより、子宮はもちろん全身をチェックして状態を確認する。**子宮蓄膿症は死に至る可能性がある緊急疾患なので診断決定をしたら、即入院して早めに治療が開始される**。

全身麻酔に耐えられる状態であれば子宮卵巣摘出術が行われる。手術後に急性腎不全や敗血症などの合併症が起こることもあるため、注意が必要。

また、症状が進行していて状態が悪い、あるいは高齢犬で全身麻酔や手術に耐えられないなどの場合は、内科的治療を施す。抗生剤や排膿を促す薬などを投与する。同時に輸液療法などで改善をはかる。しかし、内科的治療の場合、一時的に良くなっても再発する可能性があるので要注意。

命を落とす危険性のある病気だが、避妊手術で予防できる。卵巣子宮摘出術は、子宮蓄膿症の他、乳腺腫瘍の発生率を下げるといわれている。避妊していない場合は、愛犬の発情時期を把握することが大切。

ボストン・テリアに多い病気

尿路結石

にょうろけっせき

症状

- 元気消失　●頻尿　●血尿
- 食欲不振　●脱水　●嘔吐
- 尿が濁る　●排尿時、痛そうに唸る
- 排尿姿勢になっても尿が出ない
- 少しずつしか排尿できない
- 下腹部を触ると硬いものに触れる

原因

尿の通り道である腎臓、尿道、尿管、膀胱などに結石が溜まってしまう病気。

結石は成分によって数種類あり、ストルバイト結石、シュウ酸カルシウム結石の2つが尿路結石ではよく確認されている。

尿路がブドウ球菌などの細菌に感染するとストルバイト結石ができやすくなる。尿路が短く、外から細菌が侵入しやすい**メス犬に多く発症する**。尿の中にマグネシウムやカルシウムなどのミネラルが多くなると、それらを成分とした結石ができやすくなる。

肥満による運動不足や、寒い時期に水を飲む量が減ることにより尿が濃くなると、結石を作りやすくなる。また、消化に悪い食事、ストレス、肝機能の低下、遺伝的な代謝異常など、様々な原因が挙げられる。

結石に刺激されて膀胱が傷ついて痛みが出たり、尿路に結石が詰まって排尿することができなくなったりすると、短時間で急性腎不全に陥ったり、膀胱破裂などの命に関わる事態を引き起こすこともある。

治療

尿検査、細菌検査、X線検査、エコー検査、血液検査、結石同定検査などを行い、細菌の感染、結石の有無、結石の成分、腎臓のダメージなどを調べる。

症状に応じて治療も様々だが、溶解できない大きな結石や、結石によって尿路閉塞を起こしている場合は、**外科的手術により結石を摘出する**。症状緩和のために消炎鎮痛剤などを投与する内科的治療や、結石を溶解する食事療法なども行っていく。

また、結石ができにくい予防療法食の継続、定期的な尿検査、尿路の細菌感染の制御などを行い、予防することも重要。

循環器の病気

循環器とは血液を全身に送る役割を持つ心臓と血管のこと。ボストン・テリアで注意したい循環器疾患をまとめた。子犬の頃に健康診断を受けておくと先天性異常が発見しやすい。

心臓のつくり

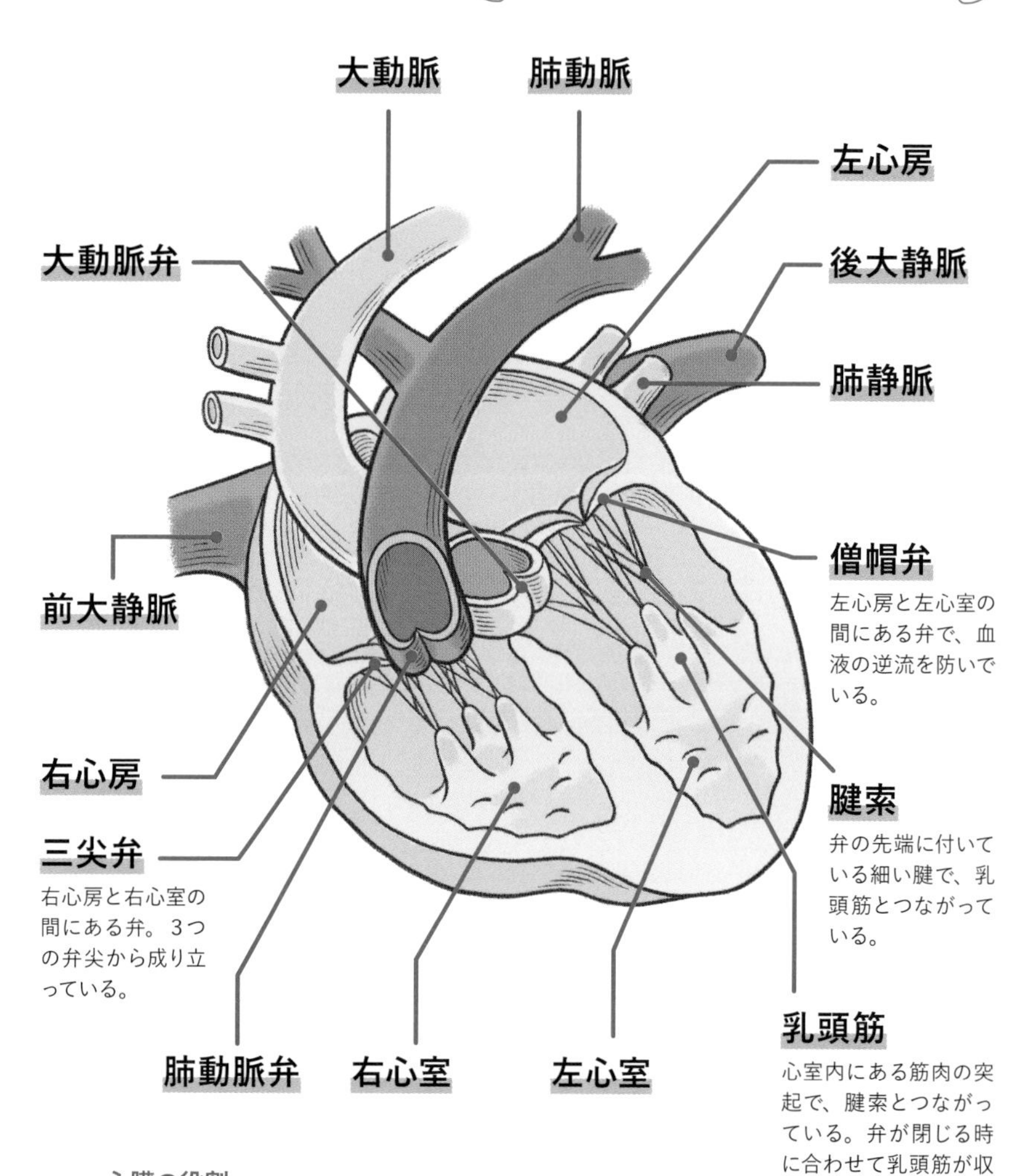

大動脈
肺動脈
左心房
後大静脈
大動脈弁
肺静脈
僧帽弁
左心房と左心室の間にある弁で、血液の逆流を防いでいる。
前大静脈
右心房
腱索
弁の先端に付いている細い腱で、乳頭筋とつながっている。
三尖弁
右心房と右心室の間にある弁。3つの弁尖から成り立っている。
乳頭筋
心室内にある筋肉の突起で、腱索とつながっている。弁が閉じる時に合わせて乳頭筋が収縮して腱索を引っ張り、弁の先端が同じ高さになるように調整している。
肺動脈弁
右心室
左心室

心臓の役割

- 心臓の筋肉が収縮・弛緩することで、血液を送るポンプの役目を果たしている。
- 肺から送られてきたきれいな血液を全身に送り出している。
- 汚れた血液を回収し、肺に送り出している。

三尖弁閉鎖不全症（TR）

…さんせんべんへいさふぜんしょう

症状

・疲れやすい
・元気消失
・食欲が落ちた
・下痢
・失神
・腹水、胸水
・頸静脈拍動

原因

心臓の右心房と右心室の間にある**三尖弁が正常に閉じなくなる病気**。

三尖弁そのものに粘液腫様変性や心内膜炎を起こして発症するものや、先天性心臓疾患に関連して起こるもの、拡張型心筋症、犬糸状虫（フィラリア）の感染なども原因となる。

しかし、ボストン・テリアに**発症するTRのほとんどは、僧帽弁閉鎖不全症（MR・94ページ）の進行によって、三尖弁にも負担がかかって正常に機能しなくなる**ことが原因となっている。

僧帽弁の粘液腫様変性がある犬は、三尖弁にも粘液腫様変性を起こしていることが多い。咳や腹水、胸水の見られる場合は、肺高血圧症が潜んでいることがありTRの悪化要因のひとつとなっている。

治療

僧帽弁閉鎖不全症は、心音の聴診で、初期には左側の胸で逆流性の心雑音が確認される。病状が進行するにつれ心雑音が強くなり、三尖弁閉鎖不全症を併発してくると、右側の胸でも心雑音が聞こえるようになる。さらに悪化すると、胸に触れるだけで心臓の拍動を感じるようになる。

心音の聴診に加え、身体検査、血液検査、X線検査、心電図検査、心臓エコー検査などを合わせ、診断する必要がある。治療開始後も心臓エコー検査などを定期的に行う。

治療の主流は内科的治療で、強心剤を中心に、状態に応じて血圧降下剤や利尿剤などを併用し、進行を抑える。

心臓病において**最も大切なことは早期発見である。先天性心臓疾患の多くは、子犬の時点で発見できる**。家に迎え入れた直後に、まずは健康診断を受けておきたい。また、聴診してもらうだけでもよいので、定期検診を受けておくことが大事になる。

さらに詳しい診断・治療については僧帽弁閉鎖不全症（94ページ）を参照のこと。

僧帽弁閉鎖不全症（MR）

…そうぼうべんへいさふぜんしょう

症状

・疲れやすい　・呼吸が速い
・咳が出る
・散歩の途中で座り込む
・食べているのに痩せる
・急に呼吸が苦しくなる（肺水腫）

原因

心臓の左心房と左心室の間にある**僧帽弁がきちんと閉じなくなってしまい、全身に流されるべき血液の一部が左心房に逆流してしまう**ことで心臓のポンプ力が低下する。

血液が逆流する原因には、細菌などによる感染性心内膜炎や、先天性である拡張型心筋症、動脈管開存症、僧帽弁異形成、その他などもあるが、ボストン・テリアなどの**小型犬では僧帽弁の粘液腫様変性が多い**。粘液腫様変性は数年以上かけて、加齢とともに徐々に進行していく。

治療

心音の聴診で、初期には左側の胸で逆流性の心雑音が確認される。病状が進行すると心雑音が強くなり、三尖弁閉鎖不全症（TR）を併発してくると、右側の胸でも心雑音が聞こえるようになる。さらに悪化すると、胸に触れるだけで心臓の拍動を感じるように。

聴診での心雑音だけでは重度の併発症がわからないうえに、MRの原因も正確な心臓の状態も把握できない。身体検査、血液検査、X線検査、心電図検査、心臓エコー検査などを合わせ、診断する必要がある。治療開始後も心臓エコー検査などを定期的に行う。

治療の主流は内科的治療で、強心剤を中心に、状態に応じて血圧降下剤や利尿剤などを併用し、進行を抑える。

近年では外科的手術も可能になったが、対応している施設はまだ少ない。また高齢犬に施す手術であるため、手術可能か、併発している病気がないかなどを術前に詳細に検査して、手術適応か否かの診断を下す。

難易度が高い手術のうえに、術後も定期的な検診が必要なため費用も高額になる。そういった事情を踏まえ、獣医師としっかり話し合って飼い主の心構えを決めることが重要。

心臓病において**最も大切なことは早期発見である。とくに先天性心臓疾患の多くは、子犬の時点で発見できる。**家に迎え入れた直後に、まずは健康診断を受けておきたい。

肺高血圧症

…はいこうけつあつしょう

症状

・疲れやすい
・元気消失
・食欲が落ちた
・咳をしている
・呼吸音がおかしい
・腹水が溜まる

原因

肺高血圧症とは、肺の細動脈の血管内皮増殖と線維化が進行性に起こっている病態で、**肺動脈圧が持続的に上昇している状態**。様々な肺疾患、心臓疾患によって肺血流量や肺血管抵抗、肺静脈圧などが増加することで、肺動脈圧が上昇してしまう。中でも多いのが心臓疾患による肺高血圧症だ。僧帽弁閉鎖不全症（94ページ）やその他の左心房疾患、フィラリア症（96ページ）などがその原因となる。また、副腎皮質機能亢進症（105ページ）の症状のひとつとしても現れる。

初期は無症状だが、**重度になると呼吸が苦しくなったり、失神したりする**こともある。QOLが著しく下がり、寿命にも影響を及ぼす。

治療

正確な診断には心臓カテーテル検査が必要だが、全身麻酔が必要になるので、臨床診断として心臓超音波検査が行われる。症状が認められた場合、まずは**原因の疾患の治療を優先**する。また、肺動脈内の血圧を下げるために、肺動脈拡張薬を投与する。

一部の病気の末期症状として出ることも多く、肺腫瘍や肺線維症の場合には数週間以内に亡くなることも。重度になってしまうと根本的な治療方法がないため、予後はあまりよくない。獣医師とよく話し合って、治療方法を決定しよう。

心臓疾患、肺疾患、呼吸器疾患がある犬は、**定期的に心臓超音波検査**を受けて、早期発見をして早期投薬が開始できるようにしておく。また、フィラリア症は適切な予防を行うことで、防ぐことができる。

フィラリア症

……ふぃらりあしょう

症状

・興奮すると失神する
・咳をする　・痩せてきた
・吐血　・血尿
・腹部が膨らむ

原因

蚊によって媒介される寄生虫（線虫）の一種である**犬糸状虫（フィラリア）**が、**肺動脈や右心房に寄生**し、血液の流れを阻害している状態。

寄生した数にもよるが、生きているフィラリアが影響を与えることはもちろんだが、**フィラリアの出す毒素によって損傷した肺動脈内膜が増殖性病変になる**（内膜が増殖して血管を硬くしてしまう）ことで血液の流れを悪くして、結果として肺高血圧症を発症させる。また、右心系（右心室・右心房・肺動脈）に負担をかけて、肝障害、腹水などの合併症も発症する。

治療

フィラリアへの感染が発覚した場合は、**薬でフィラリアを駆虫する内科的措置**と、右心系から**フィラリアを摘出する外科的措置**がある。

内科的殺虫法には、注射法と内服薬法がある。注射法は薬そのものに毒性があるため、症状が軽めの若くて状態の良い犬にしか使えない。内服薬法は安全ではあるが、駆虫までに数年を要する。また、臨床症状が見られる場合はその治療薬も併用するので、薬の種類や投薬回数が多くなり、犬や飼い主の負担も増えることになる。

血尿や喀血は、フィラリア成虫が血管に詰まり、血液の流れを妨げていることで起こる急性症状。外科的に手術を行って、フィラリア成虫を心臓内から摘出しなくてはならない。

フィラリア症で**一番重要なのは、予防すること**。たった1匹の蚊に刺されても感染する恐ろしい病気であるが、**定期的に予防薬を投与すれば、99％予防できる**。完全室内犬であっても、犬を飼ったら必ず予防を心がける。

なお、予防薬を投与する際、すでにフィラリアが寄生していると、ショック死する可能性がある。投与前には必ず動物病院で抗原検査を受け、感染がないことを確認してから飲ませる。

心筋症

…しんきんしょう

症状

- 体重が減ってきた
- 疲れやすくなる
- 動きたがらなくなる
- 咳をするようになる
- 飲水量が増える
- 心雑音や不整脈が認められる
- 呼吸が速い
- 失神

原因

心筋は心臓を構成している筋肉のこと。この**筋肉が異常に厚くなったり薄くなったりするなどして、心機能が低下する疾患が心筋症**となる。

心筋症は大きく、拡張型心筋症・肥大型心筋症・拘束型心筋症に分類されていて、**犬の場合はほとんどが拡張型心筋症になる**。拡張型心筋症は、心筋が変性することで線維化が起こり、左心室が拡張し、収縮する力が弱くなる。結果として全身にうまく血液を送ることができなくなり、症状が進行すると肺水腫、呼吸困難、腎不全、心不全を引き起こす。

初期は無症状であることが多く、状態が進行して初めて症状が現れる。元気がない、体重が減ってきた、咳をする、よく水を飲むようになったなど、今までと違う行動が見られたら、かかりつけ医に相談すること。

一部の犬種では栄養素の不足が原因となっていたり、遺伝的要因が考えられたりしているが、発症のはっきりした原因は不明。

治療

原因が不明なので、**効果的な治療法が存在しない**。内科的治療で心臓の収縮力を上げたり、交感神経を遮断するβブロッカーが有効といわれている。

肺水腫を起こした場合は利尿薬を投与、また不整脈が多発する場合は突然死を予防するため抗不整脈薬を投与することもある。

根本的な治療は難しいため、症状の進行を遅らせたり、症状を緩和するための治療を行う。**一度治療を始めると、一生涯投薬を続けることになる**。

不整脈

……ふせいみゃく

症状

・疲れやすくなる
・失神、けいれん
・呼吸が速くなる

原因

心臓の上部には洞房結節という部位があり、そこから規則的に発する電気信号によって右心房・左心房が拍動（拡大と収縮を繰り返すこと）を繰り返している。この一連の流れに異常が発生して、**本来なら一定のリズムで刻まれるはずの拍動が乱れたり、速度が不規則になることを不整脈**という。

拍動が遅くなることを徐脈、速くなることを頻脈と呼び、呼吸に合わせて速くなったり遅くなったりする状態を呼吸性不整脈という。

不整脈があるからといって、すべて治療が必要というわけではない。疲れやすかったり、呼吸が乱れるといった症状が出た場合は、心臓機能に影響を与える異常が生じている可能性があるので治療が必要となる。

また、不整脈単独で発症するケースもあるが、心筋症や僧帽弁閉鎖不全症などの心臓病、内分泌疾患、貧血、代謝性疾患、自律神経系の病気、中毒症などが原因となっている場合もある。

治療

治療が必要な場合は、**抗不整脈薬などを投与する内科的治療**を行う。他の病気から不整脈を起こしているなら、そちらの治療も並行して行う。

心臓奇形 しんぞうきけい

生まれながらの心臓疾患であるが、ボストン・テリアでの発症は珍しい。「動脈管開存症(PDA)」「肺動脈狭窄症」「大動脈狭窄症」「心室中隔欠損症」「ファロー四徴症」などがある。

血液・免疫・ホルモンの病気

血液や免疫、ホルモンが関係する病気を集めた。一度発症してしまうと根治が難しい病気が多く、治療や薬でコントロールしながら長く付き合っていかなければいけないことも。

犬の体内でつくられるホルモンの一覧

上位（脳内）の内分泌器官	視床下部及び脳下垂体	成長ホルモン	成長を促進する
		甲状腺刺激ホルモン	甲状腺の発育と甲状腺ホルモンの分泌を促す
		生殖腺刺激ホルモン	生殖腺の働きを支配する
		副腎皮質刺激ホルモン	副腎皮質の発育と副腎皮質ホルモンの分泌を促す
		バソプレッシン	尿量を減らす
		オキシトシン	通称・幸せホルモン。母乳の分泌を促す
下位（末梢）の内分泌器官	甲状腺	チロキシン	代謝を促す
		トリヨードチロニン	代謝を促す
	副甲状腺	パラトルモン	血液中のカルシウム量を増加させる
	膵臓ランゲルハンス島	インスリン	血糖値を減少させる
		グルカゴン	血糖値を増加させる
	副腎	アドレナリン	血糖値を増加させる
		ミネラルコルチコイド	体液中のナトリウムやカリウムの濃度調節に関与
		グルココルチコイド	糖分の貯蔵・放出、抗炎症・抗アレルギー作用に関与
	精巣	アンドロゲン	男性ホルモン
	卵巣	エストロゲン	女性ホルモン
		プロゲステロン	黄体ホルモン。子宮内膜を整える

免疫介在性血小板減少症（IMT）

…めんえきかいざいせい けっしょうばんげんしょうしょう

症状

・粘膜や皮膚などに出血斑（紫斑）
・鼻血　・血尿　・血便
・前眼房出血　・吐血

原因

自身の血小板に抗体を産出し、これを攻撃・破壊するようになり、**血小板数の減少と血小板機能低下を引き起こす**。血小板は止血機能を担っているので、これが破壊されると**出血が止まりにくくなる**。原因の定かでない原発性IMTと、病気や薬物によって引き起こされる二次性IMTがある。犬では原発性IMTが多い。

治療

血小板減少症を起こす他の疾患を除外して診断する。

治療は、副腎皮質ホルモンなどの**免疫抑制剤を3～6ヶ月間投与**して、血小板の破壊を抑えていく。病状が進行すると輸血が必要な場合もある。

内科的治療で効果が現れない時は、**脾臓摘出の手術を行うこともある**。

再生不良性貧血

…さいせいふりょうせいひんけつ

症状

・疲れやすい　・発熱
・出血あるいは出血斑

原因

造血幹細胞の障害により、**骨髄および血液中の赤血球系、白血球系、血小板が作られなくなる病気**。特発性は免疫が関与していると考えられる。

続発性は薬剤、放射線、感染症、ホルモンを原因とし、犬では薬物や女性ホルモンであるエストロゲンの中毒が多い。その**ほとんどはオス犬の精巣腫瘍（セルトリー細胞腫）**である。

正常な精巣は男性ホルモンを分泌するが、腫瘍化するとエストロゲンを大量かつ継続的に分泌し始める。大量のエストロゲンは骨髄抑制を強く起こす作用があり、再生不良性貧血に陥る。パルボウイルスが原因のこともある。

治療

原因の特定が難しいことから、対症療法を行うケースが多い。輸血を行うこともある。特発性の場合はアンドロゲン療法、免疫抑制療法、サイトカイン療法などで治療を行う。

エストロゲン中毒による場合は、原因となる病気（主に精巣腫瘍）の治療を行う。これに加えてサイトカイン療法を行うこともある。いずれも予後はあまりよくない。

免疫介在性溶血性貧血（IMHA）

…めんえきかいざいせいようけつせいひんけつ

症状

・元気消失　・食欲減退
・ふらつき　・呼吸が速くなる
・皮膚や粘膜が蒼白になる、あるいは黄色味を増す
・血尿が出る

原因

何らかの免疫異常が起こることで自身の赤血球に抗体を産出して、**血液内の赤血球を自ら破壊する行動に出てしまう病気**。自己抗原（自分の細胞やタンパク質のこと）に対する抗原が関与している場合を特発性ＩＭＨＡ、薬剤や感染症など自己抗原以外の抗原に対する抗体が関与している場合を二次性ＩＭＨＡと呼ぶ。

犬では特発性ＩＭＨＡが多く、**中年齢でのメスの発症率が高い**。メスの発症率はオスの３～４倍ともいわれている。重篤な急性ＩＭＨＡは死亡率がかなり高く、ＩＣＵ治療が必要となる。

治療

まずは**血液検査を行い**、**貧血のレベルを確認**する。次に、血液塗抹検査、画像検査などを行い、ＩＭＨＡ診断基準に照らし合わせていく。

急性期には赤血球の破壊を抑えるため、免疫抑制のためのステロイド剤を使用する。しかし、治療効果が認められない場合、あるいは重篤な症状の場合には酸素吸入を行い、高価ではあるがヒト免疫グロブリン製剤を併用する。また、抗血栓凝固薬や制酸剤を併用していくこともある。

あまりにも貧血が進行した場合、血液凝固異常が認められた場合には、輸血を行うこともある。

病状が緩解してきても、ステロイド剤などの免疫抑制剤を徐々に減らしながら、**約6ヶ月位は治療を続ける**。投薬終了後も２～４週間ごとに定期的な血液検査を行い、**再発兆候が少しでも見られたら治療を再開する**。

ＩＭＨＡは発症後ほどなく死亡してしまう例もあれば、治療が長期化する例もある。再発頻度も低くはない。根気よい治療が必要になる。

免疫介在性関節炎（多発性関節炎）

……めんえきかいざいせいかんせつえん
（たはつせいかんせつえん）

症状

・39℃以上の発熱
・元気消失　・食欲不振
・足をかばって歩く、歩きたがらない
・立ち上がったり、歩き出そうとすると時間がかかる
・関節が腫れている

原因

免疫の異常により、本来は外敵から自分を守るために働く**免疫**が、**自分自身の組織を敵とみなして攻撃することで痛みを発症する自己免疫疾患**。

Ｘ線検査で骨が溶けたように見える「びらん性関節炎」と、そのような変化が起こらない「非びらん性関節炎」に分けられる。びらん性関節炎が起こる主な病気が関節リウマチ。非びらん性の関節炎は、特発性多発性関節炎、反応性多発関節炎などと分類される。

なお**免疫が関係しない「関節炎」のほうが多い**ので、診断のうえで判別が必要になる（１２０ページ参照）。

発症原因ははっきりわかっていないが、治療を開始しても完治には数ヶ月から半年を必要とする。

治療

触診、血液検査、Ｘ線検査、犬リウマチ因子、関節液検査などを行う。その後、**ステロイド剤など免疫抑制剤などを投与**し、関節への免疫反応を抑え込んでいく。補助的に、胃粘膜の保護薬を併用する。

症状が改善しても投薬の継続が必要となることもある。また、びらん性関節炎の場合、治療で改善はあるが、その後も症状が進行するケースが多い。

早期発見し、関節の状態が重症化する前に、少しでも早く治療を開始することが重要になる。肥満や過剰な運動が関節炎の症状を悪化させるため、適切な食事・運動管理が大切。

多血症

……たけつしょう

症状

・鼻血、血便などの出血が起こる
・多飲多尿　・元気消失
・失神

原因

多血症は血液の成分の割合が通常よりも高くなる病気。真性多血症と続発性多血症があり、真性多血症は遺伝病である。真性多血症は、赤血球、白血球、血小板、血漿といったすべての成分が高くなる場合と、赤血球だけが増加する場合がある。

続発性多血症は、赤血球だけが増加する。下痢や嘔吐などで体内の水分が減り、相対的に赤血球の割合が高くなる場合と、造血機能の障害によって赤血球が増加する場合、心臓や肺、腎臓などに発症した他の病気に起因して二次的に増加するケースがある。二次的なケースには、低酸素血症やホルモン異常によって赤血球の増産が促されることがある。

初期は無症状であることが多く、かなり赤血球が増加してから症状が出るようになる。赤血球が増えすぎると細部の血管に血液が届かなくなるため、失神したりぐったりするようになる。嘔吐や下痢を引き起こしたり、眼疾患を誘発することもある。犬では腎臓癌による多血症が多く見られる。

多血傾向が見られたならば、早めのX線検査と心臓及び腹部の超音波検査を受けて早期発見に努めたい。

治療

まずは血液検査をして成分濃度を調べる。X線検査、超音波検査、尿検査や画像検査、その他の検査を行う。

赤血球が増加している理由によって治療法も異なってくる。まずは元となっている病気の治療を行う。

重篤な時は点滴で血液を薄める、さらに瀉血して血液を薄める、などの処置が行われる。

治療を続けても症状が改善されない時は、定期的に瀉血するか、原因に応じた投薬治療を行う。

赤血球の数値は個体差があるので、1～4歳の若いうちに数回の血液検査を行い、愛犬の「正常な状態」を知っておくと、高齢になってからの異常により早く気づくことができる。

副腎皮質機能亢進症

…ふくじんひしつきのうこうしんしょう

症状

・多飲多尿　・多食　・脱毛
・腹部が膨れる
・難治性の皮膚感染症
・筋肉の萎縮
・呼吸が速く浅くなる　・神経症状
・血栓形成による突然死

原因

クッシング症候群とも。副腎皮質を司る脳下垂体の腫瘍が原因で、**副腎皮質刺激ホルモン（ACTH）が過剰分泌される。その結果、副腎皮質からグルココルチコイドが過剰分泌されて、様々な症状が出る**（PDH）。副腎そのものの腫瘍で同じ症状が出る場合（AT）も。犬は80％がPDHである。

ステロイド剤の過剰・長期投与を原因とする医原性クッシングもある。

治療

臨床症状、血液検査、血液化学検査、超音波検査、ACTH刺激試験、CT検査、MRI検査などの検査結果を組み合わせて診断する。

基本的には、**内科的治療で症状の改善をはかる**。副腎から過剰に分泌するホルモンの合成を阻害する薬の投与を行うことが多い。**完治が難しい病気の**ため、放射線療法、下垂体や副腎腫瘍の摘出手術を行う動物病院もある。

副腎皮質機能低下症

…ふくじんひしつきのうていかしょう

症状

・元気消失　・体重減少　・食欲減退
・嘔吐　・下痢　・多尿
・尿の量が少なくなる　・低血糖
・徐脈　・けいれん

原因

アジソン病とも呼ばれる。**副腎皮質刺激ホルモンの分泌が減ったため副腎皮質ホルモン（グルココルチコイド、ミネラルコルチコイド）の分泌も減ってしまう病気**。犬ではゆっくり進行する特発性の副腎萎縮によるアジソン病が多い。なぜ**特発性のアジソン病が発症するのかは不明**。

アジソン病は**1～6歳位の若いメスでの発症が多い**。また、グルココルチコイドのみが不足して、慢性の消化器疾患や虚弱が主な症状となる非定型アジソン病がある。

治療

血液検査、血液化学検査、超音波検査、ACTH刺激試験で診断する。

副腎皮質から分泌される**ホルモンと似た性質を持つ薬を使用し、ほとんどの犬で維持治療が可能**。寿命をまっとうできる犬も多い。ただし生涯、飲み薬でのコントロールが必要となる。

尿崩症 …にょうほうしょう

症状

- **多飲多尿**

原因

尿崩症は、下垂体から分泌される**アルギニンバソプレッシンの分泌障害によって多飲多尿となる病気**である。中枢（脳下垂体）性尿崩症と、腎性尿崩症の2つのタイプがある。

中枢（脳下垂体）性の中でも先天性尿崩症は犬では極めてまれで、下垂体腫瘍や下垂体の外傷によって発症する後天的な尿崩症が認められる。

腎性尿崩症の主な原因は、種々の腎疾患から起こる続発性尿崩症になる。

治療

糖尿病やクッシング症候群、腎臓障害、アジソン病、多血症、高カルシウム血症などでも多飲多尿の症状は出るので、しっかり鑑別診断を行う。また1日あたりの正確な飲水量を把握したあと、水制限試験という検査を行う。

中枢（脳下垂体）性は**合成バソプレッシン製剤を結膜嚢内へ滴下することでコントロールでき、改善するケースが多い**。腎性は腎臓障害が原因であるため、治療は難しい。また、治療できても予後が悪いことが多い。

卵巣嚢腫 …らんそうのうしゅ

症状

- **発情周期が不規則になる**
- **1ヶ月以上の発情出血**
- **外陰部が大きい**
- **被毛が粗く、脱毛が見られる**

原因

卵巣疾患のひとつで、**卵胞や黄体が腫瘍のように大きくなり、袋状になって中に分泌物が詰まっている状態**で、腫瘍ではない。卵胞が排卵しないまま成長し続ける卵胞嚢腫と、卵胞壁が黄体化した黄体嚢腫があるが、犬では区別が難しいため、まとめて卵胞嚢腫とされている。卵胞嚢腫の多くは**エストロゲンを分泌するので、持続した発情兆候が見られる**。黄体嚢腫ではプロゲステロンが分泌されるので、子宮蓄膿症を伴うことがある。また、1ヶ月以上の発情兆候を示す病気には、顆粒膜細胞腫という卵巣腫瘍があるので、鑑別は超音波検査で行う。

治療

卵巣嚢腫は、発情出血や外陰部の腫大が1ヶ月以上続いた場合に、超音波検査や膣スメア検査、血液中ホルモン検査で発見される。あるいは、避妊手術や子宮蓄膿症の手術で開腹した時に発見される。**基本的には、外科的治療で卵巣と子宮を摘出する。**

ボストン・テリアに多い病気

糖尿病

とうにょうびょう

症状

- 多飲多尿　●脱水
- 体重減少
- 食欲増進（初期）、食欲不振
- 元気消失　●白内障

原因

血糖値を下げる作用をするインスリンというホルモンの分泌不足や働きが弱くなることで、**血液中の糖が増えて高血糖になる病気**。高血糖が進行して腎臓での糖の再吸収能力を超えると尿糖が出現する。尿糖が出現しない限り、多飲多尿をはじめとする臨床症状は見られない。また、糖尿病を発症しても通常は元気で食欲は変わらない。

犬の寿命が延びていることから増加傾向にあり、発症年齢はおよそ8歳。犬の糖尿病では、免疫が関与して発症する糖尿病と、インスリン抵抗性を引き起こす副腎皮質機能亢進症（クッシング症候群）や慢性膵炎などが関与する続発性糖尿病がよく見られる。

犬の糖尿病のほとんどが**インスリン依存性糖尿病であり、インスリンを注射して血糖値を調節する治療を行う**。続発性糖尿病は、基礎疾患が治ると糖尿病が寛解されることも。

ヒトの糖尿病Ⅰ型・Ⅱ型のような分類は当てはまらず、犬は、多飲多尿・多食・体重減少などの臨床症状と、持続する高血糖、尿糖が認められた場合に糖尿病と診断される。発情が病気を悪化させるため、発症したメスは早期に避妊手術を行う必要がある。

治療

血液検査、尿検査、超音波検査、血糖値測定などを行う。様々な病気が隠れている可能性があるので、検査を実施して除外しておく。

糖尿病の治療は**朝晩2回のインスリン投与と食事療法だが、合併症がある場合は並行して治療する**。インスリン投与が安定しないと、入院が長引く場合もある。入院治療してインスリン治療の良い効果が確認できたら、飼い主が自宅でインスリン注射を打てるように指導を受ける。

その後、通院して血液検査などを定期的に行う。処方された療法食を指示通りに与えることも大事。インスリン投与により、いつもと様子が違う時はすぐ獣医師に相談する。

糖尿病は**一度発症すると生涯付き合わなければいけないため、予防が大事**になる。

ボストン・テリアに多い病気

甲状腺機能低下症

こうじょうせんきのうていかしょう

症状

- 脱毛や皮膚の色素沈着
- 肥満
- 無気力
- 悲しい顔つき
- 異常に寒がる
- 治りにくい皮膚感染症、脂漏症
- 脈が遅くなる、末梢神経障害
- 虚脱、低体温、昏睡

原因

全身の代謝を促す甲状腺ホルモンが欠乏することで、様々な症状を出す病気。自然発症の甲状腺機能低下症は高齢犬で多く、ほとんどは症状からのホルモン検査で発見される。

自然発症の甲状腺機能低下症は、甲状腺に病変が存在する「一次性」、下垂体や視床下部に病変のある「二次性」「三次性」に分けられるが、犬ではほとんどが一次性になる。一次性をさらに分類すると、原因不明の特発性甲状腺萎縮、自己免疫性とされているリンパ球性甲状腺炎、甲状腺腫瘍、まれではあるが先天性に分けられる。

自然発症以外では、甲状腺摘出手術などによる医原性がある。

治療

臨床症状、血液検査、血液化学検査、甲状腺に関わるホルモンの検査、必要に応じて超音波検査などを行い、慎重に診断する。他の病気の併発や、使用中の薬物で血液中の甲状腺ホルモン濃度が一時的に低下していることがあり（ユウサイロイドシックシンドローム）、検査結果だけで判断すると誤診につながり、命に関わる。そのため、臨床症状と各種検査結果を合わせて診断する必要がある。

治療は甲状腺ホルモン製剤の投与を行う。投与量・回数はその製剤によって異なり、過剰投与は命に関わるので必ず獣医師の指示に従う。投薬を開始して1～2週間後、6～8週間後にホルモン濃度を測定し、投薬量の見直しを行う。

治療中の検査当日は、投薬してから4～6時間後に血液採取を行いたいため、動物病院へ行く4時間前に薬を飲ませるようにする。

手術などで全身麻酔をかける必要があって絶食を指示された時も、薬だけは必ず飲ませておく。重度の甲状腺機能低下症の犬に全身麻酔をかけると、覚醒しない危険性がある。

一次性甲状腺機能低下症の多くは、適切な継続投薬ができれば症状は改善され、良好な状態が長く続く。

脳・神経の病気

ボストン・テリアには先天的奇形による脳・神経の病気も少なくない。予防は難しいが、早めに異常に気がつけば治療も早く行える。愛犬のQOLを守ることにもつながっていく。

脳のつくり

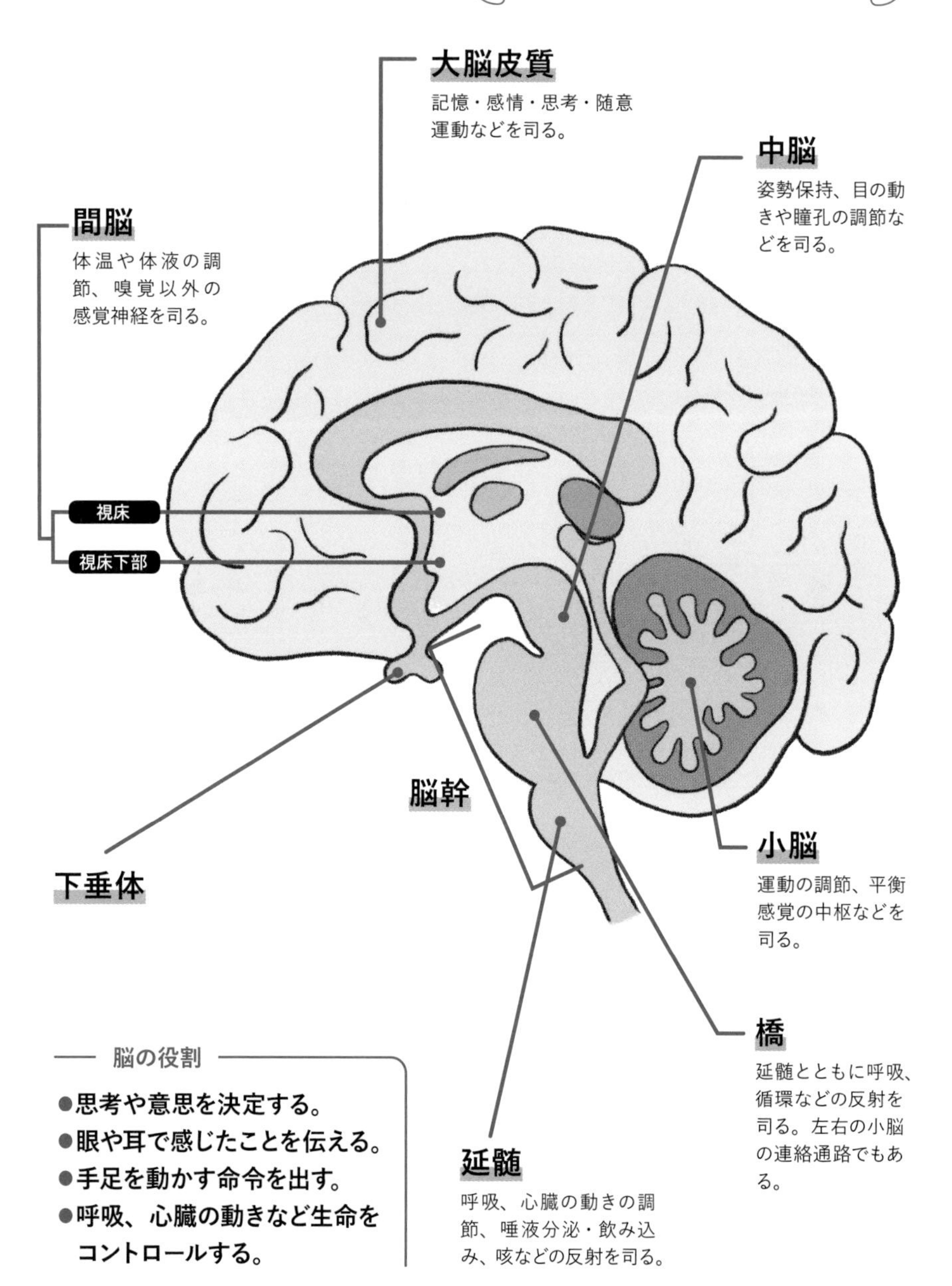

大脳皮質
記憶・感情・思考・随意運動などを司る。
中脳
姿勢保持、目の動きや瞳孔の調節などを司る。
間脳
体温や体液の調節、嗅覚以外の感覚神経を司る。
視床
視床下部
脳幹
下垂体
小脳
運動の調節、平衡感覚の中枢などを司る。
橋
延髄とともに呼吸、循環などの反射を司る。左右の小脳の連絡通路でもある。
延髄
呼吸、心臓の動きの調節、唾液分泌・飲み込み、咳などの反射を司る。

脳の役割

- 思考や意思を決定する。
- 眼や耳で感じたことを伝える。
- 手足を動かす命令を出す。
- 呼吸、心臓の動きなど生命をコントロールする。

てんかん

症状

- 転倒して意識を失う
- けいれん、脱力を繰り返す
- 身体の一部の筋肉が動く

原因

脳の神経細胞の異常興奮によって引き起こされる。脳の腫瘍や炎症、奇形などが引き起こすものを症候性てんかん、病変がないものを特発性てんかんという。特発性てんかんは遺伝的なものと考えられている。

発作の間隔が短くなったり、1日に複数回の発作が認められる群発発作を起こしたり、重度の発作がある時は、積極的な治療を行う必要がある。

治療

症状により治療が異なってくる。血液検査や心電図検査などで発作原因を特定するが、脳波検査やＭＲＩ検査を行う必要がある。発症時の様子を動画撮影して獣医師に見せる方法も有効。

治療は**抗てんかん薬を服用させる方法が基本**。一度服用を始めると、一生続けなければならないケースが多い。

特発性てんかんの場合は、抗てんかん薬を効果的に投与していれば、症状をコントロールして生き続けることも可能である。

脳炎 …のうえん

症状

- 意識レベルの異常
- てんかん発作
- 行動および姿勢の異常

原因

その名の通り、**脳に炎症を起こす病気**で、原因は様々。細菌や真菌（クリプトコッカス）、ウイルス（ジステンパー）、原虫（トキソプラズマ）などの病原体から起こる他、壊死性髄膜脳炎（パグ脳炎）、壊死性白質脳炎、肉芽腫性髄膜脳脊髄炎などがある。

発症の原因によって障害される部位が異なるが、意識混濁、てんかん発作、歩様および姿勢の異常など、共通する症状も多い。

治療

症状によって治療方法が異なる。病原の診断では、ＭＲＩ検査で脳内の炎症が起きている部位を特定する。同時に脳脊髄液を採取し、成分検査を行いジステンパー抗体などを調べるなど、必要と思われる検査を行う。

原因が特定できたら、それぞれに**効果の期待できる薬物を投与して治療を始める**。てんかん発作が見られる時は抗てんかん薬も併用する。

他の病気同様、早期発見、早期治療によって予後は大きく異なる。

脳腫瘍 …のうしゅよう

症状

・足のふらつき
・回転運動や徘徊行動
・けいれん発作
・行動異常、頻回の誤食
・失明

原因

脳にできる腫瘍の総称。原発性によるものと、転移などの続発性によるものがある。原発性に関しては、**多くの場合は老齢による発症**である。

初期は症状が出ないことも多いが、次第に足がふらついたり、徘徊行動を始めるなどの異常が見られるように。重度の症状に意識の低下、けいれん発作、視覚や聴覚の消失などがある。

治療

MRI検査で診断を行い、**摘出可能な位置や形であれば、外科的治療で腫瘍を切除**することもある。放射線治療を併用するケースも。

切除できない場合は、内科的治療による対症療法となる。重度の症状が出た時は、抗てんかん薬や脳圧低下剤等を服用させる。

前庭障害 …ぜんていしょうがい

症状

・嘔吐　・元気消失　・食欲不振
・首を斜めにして頭が傾く（斜頸）
・目が小刻みに一定方向に揺れる（眼振）
・一方向にグルグル旋回する
・つまづく、よろめく

原因

平衡感覚を司る「前庭」に何らかの負荷が生じ、眼振と斜頸という神経症状が現れる病気。障害部位によって末梢性（内耳）と中枢性（脳幹、小脳）に分けられる。

末梢性前庭障害は水平眼振が多く見られ、中耳炎・内耳炎、腫瘍、甲状腺機能低下症などによって引き起こされることがある。シニア犬に多い、原因不明の特発性前庭障害もある。

中枢性前庭障害は水平眼振も縦眼振も見られ、髄膜脳炎や小脳梗塞、腫瘍などが原因となって起こる。中枢性の場合には、発作や視覚障害など他の脳疾患を併発していることが多い。

治療

末梢性では、**特発性前庭障害なら2週間以内に治り**、それ以外は、元となる**病気の改善とともに症状が治まる**ことが多い。中枢性の場合は対症療法を行い、必要に応じて治療を加える。

小脳形成不全

…しょうのうけいせいふぜん

症状

・ふらふら歩く　・すぐによろける
・眼振（眼球があちこちに動く）
・物との距離感が計れない

原因

小脳が萎縮した状態で生まれる先天的疾患。小脳は視覚や触覚などの様々な感覚器官から得た感覚と、脳から筋肉への指令を統合して、スムーズな運動を可能にしている器官になる。この小脳が萎縮しているため、生まれた時から平衡感覚が失われていて、歩幅がバラバラでふらふら歩く、すぐによろける、といった症状が出る。物との距離感が計れないので、食器にうまく口を持っていけないということもある。

治療

先天的な疾患なので、根本的な治療方法はない。ふらつきによる転倒や落下を防止するため、高所や水辺などに近寄らないように注意すること。

変形性脊椎症

…へんけいせいせきついしょう

症状

・腰や背中の痛み　・軽度の歩行障害

原因

椎間板ヘルニアは椎間板物質が脊髄神経を圧迫して痛みを生じさせるが、変形性脊椎症は**椎体が変形して骨増殖が起こり骨棘が形成されることで、時に脊髄神経を圧迫する**病気。

椎間板ヘルニアよりも発症例は多いが、そのほとんどが症状を出さないために、別の病気でX線撮影した時に偶発的に発見される。

高齢の犬ほど発症の可能性が高くなる。それまでの姿勢や運動、外傷、栄養素などが影響して、脊椎骨を変形させると考えられている。

ほとんどの場合は無症状なので、発症していることがわからないままであるケースが多い。しかし腰や背中を痛がるようであれば治療が必要となる。変形の程度によって歩行障害や排便、排尿障害を引き起こすこともある。

治療

神経学的検査やX線検査を行って病変部を確認し、その後は**鎮痛剤で痛みの軽減を図る**。同時に安静を保ち、運動制限や体重の管理が必要なことも。

若齢で発症した場合や、痛みが強く生活に支障が出てきた時は、外科的治療を行うこともあるが、まれである。

椎間板ヘルニア

…ついかんばんへるにあ

症状

- 急に悲鳴を上げる
- 動きたがらなくなる
- 震えが止まらない
- 背中を丸める
- 足を引きずる

原因

椎間板ヘルニアは、背骨の間でクッションの役割を担う**椎間板が飛び出して脊髄を圧迫し、痛みや麻痺を起こす神経の病気**。急激に発症して痛みが強いハンセンI型と、慢性的な症状が続くハンセンII型がある。I型は椎間板の中にある髄核が外側の線維輪を破って飛び出し、II型は椎間板の外側の線維輪が盛りあがり、脊髄を圧迫することで発症する。

症状の進行度合いによって「グレード1」から「グレード5」に分類され、数字が大きくなるほど重症度が高い。

■グレード1 痛みはある。動作はゆっくりだが麻痺は見られない。

■グレード2 歩く時にふらついたり、爪を擦ったりする。

■グレード3 足に力が入らず、体を動かすことができない。

■グレード4 重度の麻痺によって足先の感覚がなくなり、排泄障害が起きる。

■グレード5 グレード4の症状に加えて、麻痺によって深部痛覚（骨を刺激した時の強い痛みなど）も消える。

椎間板ヘルニアを発症後、脊髄が壊死してしまう「脊髄軟化症」を発症することも少なくない。

また、突然脊髄の血管に線維軟骨が詰まってしまい、急性の脊髄障害を発症する「脊髄梗塞」との鑑別も重要。脊髄梗塞の場合、突然発症するが症状の進行・悪化はない。

治療

グレード1～2ならば非ステロイド剤による内科治療と、数週間安静にする保存療法を行う。

グレード3では非ステロイド剤を使用する。数日以内に改善が見られれば投薬と安静で様子を見るが、改善しない場合・再発した場合は外科手術に。

グレード4～5ではなるべく早くMRI撮影して、脊髄腫瘍・椎間板脊椎炎・脊髄梗塞などとの鑑別診断、およびヘルニアの部位を特定して外科手術を行う。**グレード4では手術改善率90%だが、グレード5では改善率50%以下になるので、できればグレード3～4の時点で手術を行いたい**。手術後も内服と安静を保ち、症状の改善をはかっていく。

馬尾症候群

…ばびしょうこうぐん

症状

- 後ろ足の爪がよく削れる
- 後ろ足を引きずる、引きずる音がしている
- 急に後ろ足の筋肉が痩せてきた
- シッポをさわると痛がる
- 抱っこや撫でた時に、腰のあたりを痛がる
- オシッコを漏らす

原因

腰からシッポの付け根周辺の背骨の中には、細かい神経が複数存在している。これは頭部から続く太い脊髄が枝分かれしたもので、後ろ足や膀胱、シッポなどを司る神経となっている。馬のシッポのような見た目をしているので「馬尾神経」と呼ばれている。

「馬尾症候群」は、椎間板ヘルニアなど同様で、**馬尾神経を圧迫して起こる様々な神経症状のことで、正式には「変性性腰仙部狭窄症」という。**

中~高齢の大型犬で多く見られる病気だが、**小型犬でも発症例は多い。**体重が軽いため目立った症状を現していないことが多く、見逃されている。

後ろ足を掴まれることを嫌う、シッポの付け根付近を軽く押すだけですぐに腰を下げる、あるいは痛がるなどが見られる時は要注意である。

神経の圧迫の程度で症状は様々。初期は腰やシッポに症状が出やすく、シッポを振ったり上げたりしない、座る・階段の上り下りなどの動作がゆっくりになる、といった様子が見られる。

症状が進行すると、後ろ足のふらつき、排尿・排便障害が現れるケースも多い。後ろ足を曲げずに歩いたり、足を上げていることも増える。

治療

馬尾症候群は様々な神経の病気や関節の病気と似ているうえ、併発していることも多い。**様々な検査を行い、総合的に診断することが大事となる。**

一般的な身体検査・整形学的検査で内臓の病気や、股異形成、前十字靱帯断裂など似た症状が出る疾患の除外を行う。また、X線検査で腫瘍や奇形、骨の異常を確認し、神経学的検査を行って除外していく。さらに重症の場合はMRIやCT検査で診断していく。

症状が軽微であるなら、非ステロイド性の消炎鎮痛薬の投与と安静で様子を見る。痛みが強い場合や下半身が麻痺している場合には、外科手術で圧迫を減らす減圧療法などを行っていく。

ボストン・テリアに多い病気

先天性奇形

せんてんせいきけい

症状

- 軽度の場合は無症状のことも多い
- 後ろ足の爪が削れる
- 後ろ足を引きずる、引きずる音がする
- 抱っこや撫でられることを嫌がる
- オシッコを漏らす

ボストン・テリアは脊椎骨（背骨）に先天的な奇形を持つ犬が少なくない。椎骨の連結に異常がある「不正配列」、脊椎が湾曲してしまう「脊弯症・側弯症」などが認められ、その結果、脊椎管狭窄や脊椎不安定症を発症して痛みや障害が出ることになる。

椎骨の先天的奇形による脊髄障害は、生まれた時から見られるケース、成長期に悪化するケース、成犬になったあとに悪化するケースがある。悪化することはあっても自然的な回復はしないので、しかるべきタイミングで適切な治療が必要となる。

ここでは代表的な疾患である「二分脊椎症」と「脊髄空洞症」を掲載する。

■二分脊椎症（にぶんせきついしょう）

原因

椎骨の後ろ側が正常に結合せず、本来ならば脊椎管の中にある脊髄が脊椎の外に出てしまい、癒着や損傷した状態。その結果、様々な神経障害を出す。

治療

X線撮影、MRI、CT検査の他、血液検査や神経学的検査を行い、症状の程度を把握する。確定したら、脊髄を脊椎管の中に戻す外科的治療が行われる。

■脊髄空洞症（せきずいくうどうしょう）

原因

脊髄の中に空洞ができる病気で、空洞内に溜まった液体が脊髄を圧迫して、様々な神経症状を示す。脳脊髄液の生産・排出のバランスや流れが阻害されて発症するとされるが、詳しい原因は不明。後頭骨形成不全、水頭症など他の疾患を併発していることも多い。

治療

X線撮影、MRI、CT検査の他、血液検査や神経学的検査を行い、症状の程度を把握する。症状が軽度の場合は鎮痛剤やステロイド剤の投与で、痛みの軽減を図る。重症の場合は、脳脊髄液の流れを良くするための外科的治療を行う。

骨・関節の病気

先天的に骨や関節に異常がある場合と、激しい運動や事故で異常が出てくる場合がある。歩き方がいつもと違っていたり、いつもよりも活動量が減っていたら異常を疑おう。

前十字靭帯断裂
……ぜんじゅうじじんたいだんれつ

症状

・跛行
・足を上げたまま地に着けない
・後ろ足が硬直する
・膝関節の腫れ、痛みがある
・歩行時にクリック音がする
・後ろ足を曲げずに横座りする

原因

膝関節内にある十字靭帯は、大腿骨と脛骨をつなぐバンドの役目を果たしている。前十字靭帯と後十字靭帯が存在し、前十字靭帯は脛骨の前方への動きを制限する働きがある。この前十字靭帯を断裂すると、**体重をかけた際に脛骨が正常な位置から前方へずれてしまい体を支えられなくなる**。同時に、強い痛みが出て、足を上げた状態が続くように。膝関節内にある半月板も損傷すると、より激しい痛みに襲われる。

若い犬にはほとんど見られず、**中年齢から高年齢で多く発症**する。靭帯の強度が加齢などで少しずつ低下しているところに、足の踏み外しなどの外力が加わることが原因とされている。

ボストン・テリアにも当てはまるが膝蓋骨脱臼をする犬はかなり発症しやすい。部分断裂を経て数ヶ月以内に完全断裂が起こると予測され、急激な運動や肥満によって断裂しやすくなる。

治療

触診では「脛骨前方引き出し試験」という検査を行い、大腿骨に対して脛骨が前方にずれる様子を見る。

X線検査では、脛骨が前方に移動する様子や、関節内に水が溜まっている様子を確認する。

基本的には外科手術での治療となるが、手術日までの間と手術後しばらくは消炎鎮痛剤を投与して炎症を軽減しながら安静を保つようにする。肥満の場合は、手術後にダイエットも行う。

外科手術による治療方法は、主に2種類。切れた靭帯の代わりに人工靭帯で関節を補強する関節外法、膝の骨を切って膝関節内のずれた骨の角度調節を行いプレートで固定するTPLO法となる。

前十字靭帯断裂を**完全に予防することは難しい**。しかし、膝関節に負担をかけないよう、**適度な運動と体重管理をする**ことで、リスクをかなり減らすことはできる。

骨折 …こっせつ

症状

・足を引きずっている
・足が腫れている
・片足をいつも上げている
・体を触ると嫌がる、唸る

原因

高所からの落下、無理な飛び降り、足をひねる、何かに挟む、交通事故などによる外傷性と、腫瘍や骨粗鬆症などの疾患によって骨が弱くなる病的骨折に分類される。また、折れた骨が皮膚を突き破って露出する開放骨折と、そうでない非開放骨折に分類される。

昨今では飼い主が抱っこ中に誤ってフローリングやコンクリートに落としてしまい骨折する事例が増えている。

治療

骨折が疑われたら、**なるべく動かさないようにして早急に動物病院に**。痛みで犬も興奮していて噛まれることもあるので、十分に注意が必要。

原因や全身状態、年齢、持病などを考慮して治療方法を決定する。ショック症状や出血を起こしていて緊急治療が必要となる場合も。全身麻酔をかけられない場合は、安定するまでギプスや添え木などで固定することもある。

手術可能なら、部位や折れ方で手術法を選択する。基本はプレート法を行うが、創外固定法やピンニング法などもあり、単独あるいは複数の方法を合わせて行う場合も多い。複雑骨折は2～3回に分けて手術を行うことも。場所によっては完治後に再度手術してプレートを外す。

骨腫瘍 …こつしゅよう

症状

・足の痛み、跛行が見られる
・背中が痛そうなそぶりを見せる
・口を開けると痛そうな様子を見せる
・顔面が変形する

原因

その名の通り、**骨に腫瘍ができる病気**。**骨腫瘍として多いものに、骨肉腫や滑膜腫**がある。他に扁平上皮癌、前立腺癌やアポクリン腺癌の骨転移などが挙げられる。

治療

触診、血液検査、X線検査、生検、病理組織検査、CT検査などを行っていく。**四肢に発症した場合は外科的手術により断脚、顎や肋骨などに発症した場合も切除を検討する**。

術後には、放射線療法や化学療法を行う。また、痛みの緩和のために、麻薬や鎮痛剤なども使用する。

関節炎

……かんせつえん

症状

・散歩に行きたがらない
・走らなくなった
・歩くのが遅くなった
・立ち上がる時に時間がかかる
・足を引きずる
・足を上げたまま地に着けない
・階段や段差の上り下りをためらう
・歩行時に頭を上下に動かす
・歩行時に腰が左右に大きく揺れる
・急に歩くのを止める
・まっすぐ座らない

原因

関節は、クッションの役目を果たす軟骨と潤滑油の働きをする関節液に守られている。長期間あるいは一瞬に関節軟骨に強い刺激が加わることで**軟骨が変形。関節の構造が壊れ、一時的、多くは生涯にわたり痛みを発生する。**

関節の疾患には、股異形成（股関節形成不全）、レッグ・ペルテス病、免疫介在性関節炎、感染性関節炎、膝蓋骨脱臼、前十字靱帯断裂、半月板損傷、変形性関節症、関節リウマチ、顎関節症などがある。

肥満、運動不足、加齢、外傷、遺伝的要因、免疫異常、ホルモン異常、細菌などの感染、発育期の栄養不良などが原因になるといわれている。

これらの中でボストン・テリアに多いのは、膝蓋骨脱臼がある、走り回ることが好き、肥満で運動不足、クッシング症候群に罹患している、などの条件に当てはまる犬に起こる、前十字靱帯断裂に伴う関節炎である。

治療

触診、X線検査、血液検査、歩様検査、関節液検査、CT検査などを行い、症状に合わせて**安静と消炎鎮痛剤などの内科的治療、**あるいは手術など**外科的治療を行っていく。**そして、症状に応じた日数の安静を指示される。

また適正体重にするために、低カロリーのバランスの良い食事が大事になる。安静期が終わると、関節を支える筋肉を強化するために、体に負担が少ない運動から段階を踏んで行う。

消炎鎮痛剤は、症状と血液検査で副作用の有無をみながら、継続・変更・終了と調整していく。その後サプリメントを継続使用することが多い。

関節炎は少しずつ進行する場合と、急速に進行する場合がある。いずれにしても早期発見・早期治療が大切。**いつもと違うと感じたら、歩く姿の動画をいろいろな角度から撮影して獣医師に相談**する。子犬の時から歩き方・走り方の動画を撮影し、健康診断時に獣医師に診せて評価してもらうと、早期発見の可能性が高まる。

ボストン・テリアに多い病気

股異形成

（股関節形成不全）

こいけいせい

（こかんせつけいせいふぜん）

症状

●足を引きずる　●腰を左右に振って歩く
●歩幅が短くなる　●立ち上がりにくい
●散歩中に立ち止まる、座り込む
●体の前方は筋肉質で、後方は痩せている逆三角形の体型をしている
●走る時に左右の後ろ足を同時に蹴り出す
●股関節を押すと痛がる　●跛行

原因

股関節は骨盤側の寛骨臼と大腿骨側の大腿骨頭で形成された球状関節と、靱帯や関節包で、簡単に外れないつくりになっている。しかし、股異形成では**成長とともに球状関節にゆるみが生じる**。さらに寛骨臼と大腿骨頭の変形も進むと、脱臼しやすいほどにゆるみが出る。**そのゆるみが原因で関節炎を起こし、慢性的な痛みや歩様障害**となる。

遺伝的疾患であるが、過剰栄養や過度の運動などの環境要因、ホルモン異常などが加わり発症、悪化するのではないかといわれている。ただしはっきりとは解明されていない。

生後4ヶ月〜1歳頃までに発症する場合が多い。若い頃は痛みを伴っているものの、不安定な歩き方や動き方に留まっていて、飼い主が見逃しやすい。不安定な関節を放置しておくと完全脱臼を起こしたり、骨棘ができて関節がスムーズに動かなくなってしまう。

悪化して変形性股関節症を発症するとさらに痛みが強くなるため、足を引きずったり歩行困難になったり、様々な症状が現れる。

治療

歩様検査、触診による「Ortolani's sign」、X線検査、CT検査などが行われる。

治療方法には、保存治療と外科手術治療がある。保存治療では、痛みを軽減する非ステロイド系消炎鎮痛剤と、関節用サプリメントの継続投与を行う。また関節にかかる負担を軽減するダイエットの推奨など、対症療法が行われる。同時に、運動不足を避けるためにも適度な運動は継続して行い、痛みが強い時には安静に過ごす。

外科手術の治療としては、不安定な股関節を改善するために、三点骨盤骨切り術や転子間骨切り術という外科手術がある。ただし、これは変形性股関節症を発症する前に有効な治療となる。変形性股関節症を発症してしまった例では、大腿骨を削る大腿骨頭切除術や、人工関節を入れる手術方法がある。

症状を少しでも緩和するためには、肥満にさせないことが大事。

ボストン・テリアに多い病気

膝蓋骨脱臼

しつがいこつだっきゅう

原因

膝蓋骨とは膝のお皿の部分の骨で、正常な状態では大腿骨にある滑車溝という溝にはまっている。その溝から膝蓋骨が外れた状態を膝蓋骨脱臼という。

膝蓋骨が内側に外れると内方脱臼、外側に外れると外方脱臼となり、犬では内方脱臼のほうが多く見られ、メス犬の発症率が高い。

生まれつき膝蓋骨周辺の筋肉や骨の形成、靭帯に異常があり、子犬の頃から発症していたり発育に伴って発症する先天性の場合と、高いところから飛び降りたり、ジャンプしたり、激しく転倒したり、落下や交通事故などで関節の可動域を超えた動きをしたことで起こる後天性の場合がある。

グレード2までは症状が軽く、見過ごしやすい。気づかないうちに小さな脱臼を繰り返していると、靭帯や軟骨、骨などに損傷が起きて、深刻な状態につながることもある。日頃から愛犬の様子を観察して、いつもと様子が違うと感じた時には迷わず、動物病院を受診することが大切だ。

治療

歩行検査、触診、X線検査、CT検査などを行い、重症度によって治療法を確定する。

グレード1では生活の質を落とさずに、成長期の犬は運動をよく行って、症状を悪化させないことに重点を置く。

グレード2では、可能であれば手術を行うが、鎮痛剤の投与やサプリメント、サポーターを装着するのも有効的。また、住環境の整備・改善や、肥満にならないよう適正体重の管理なども重要となる。

グレード3以上は、歩行異常が出たり成長期に症状が進行する前に手術を行うほうがよいとされる。X線検査やCT検査などを見極めて手術方法を決定する。手術後に筋肉量を増やしたり、正常な歩き方ができるようなトレーニングや、筋肉を動きやすくするためのマッサージなどリハビリを行うと回復も早く、生活の質の向上につながる。

症状

脱臼の程度によって症状が違い、グレード1～4に分別される。

●グレード1

・膝蓋骨は滑車溝に収まっているが、手で押すと脱臼する。手を離すと正常位に戻る

・ほぼ無症状

●グレード2

・後ろ足を曲げた時に脱臼する。後ろ足を曲げ伸ばししたり、手で押すと元に戻る

・時々「キャン」と鳴いたり、片足を上げたり、スキップして歩く

・歩いている最中に後ろ足を後方に蹴る

●グレード3

・つねに脱臼した状態で、手で押すと一時的に滑車溝に戻る

・時々足を上げている

●グレード4

・つねに脱臼した状態で、手で押しても戻らない

・腰を落として歩く

・後ろ足を曲げたまま、うずくまる

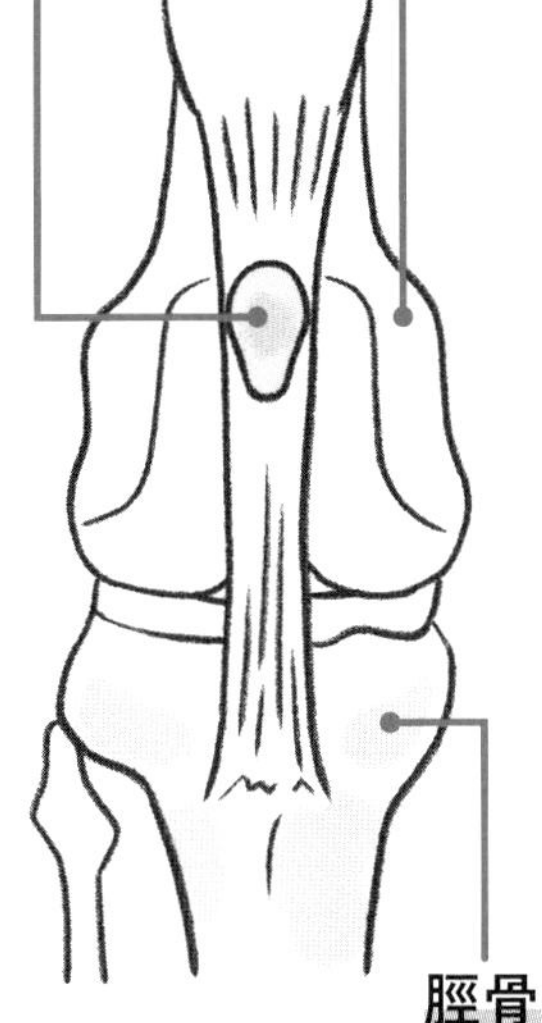

【正常な膝蓋骨】
大腿骨の真ん中に膝蓋骨がある。

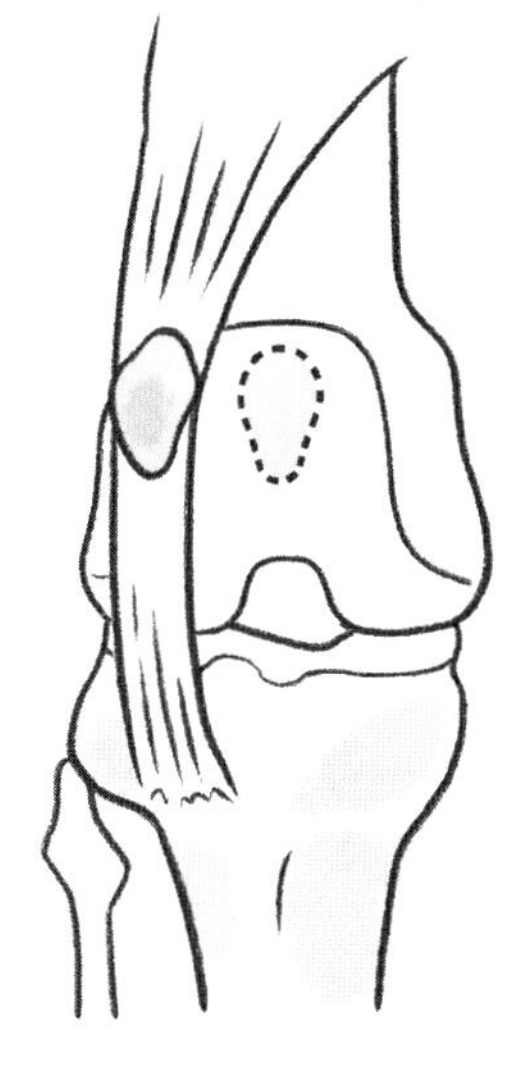

【内方脱臼】
膝蓋骨が足の内側にずれる。小型犬ではこちらのほうが多い。

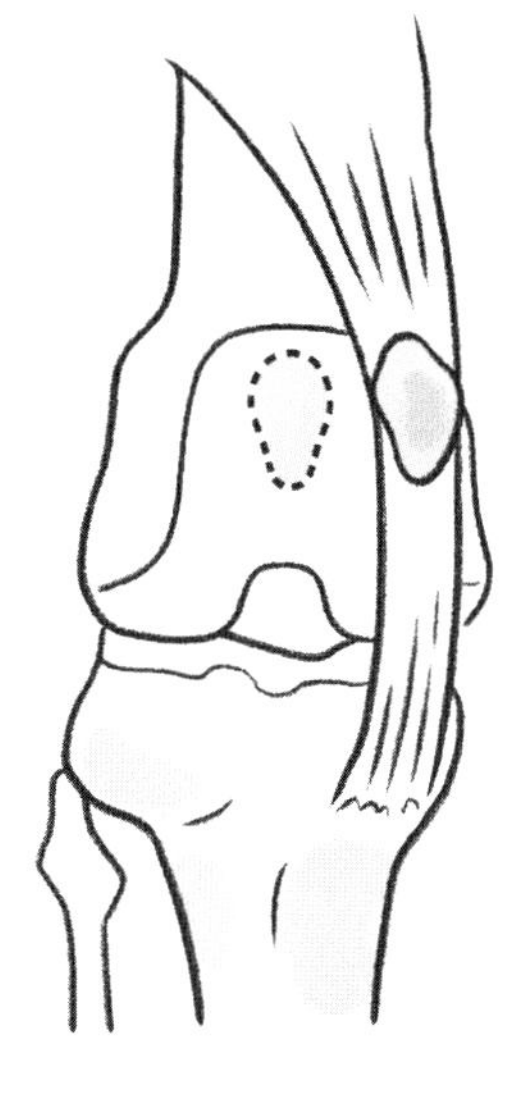

【外方脱臼】
膝蓋骨が足の外側にずれる。大型犬で見られる。

病気の早期発見、早期治療に役立つ健康診断を定期的に受けよう！

「ドッグ・ドック」と呼ばれる犬の総合的な健康診断は愛犬の健康状態を把握することができるため、昨今ますます広まりつつある。検査項目は動物病院によって様々だが、主な項目は一般身体検査、血液検査、尿検査、糞便検査、X線検査、超音波検査など。

健康診断は病気の早期発見、早期治療、予防につながり、愛犬の健康をサポートしてくれるため、定期的に検査することが大切だ。

健康診断はいつでも受けられるものだが、タイミングを決めておくと忘れにくくなる。フィラリア予防薬の処方前に行う血液検査と同時に健康診断を行うのがおすすめだ。年に1度、定期的に受けられるようになる。さらに病気の増える7歳以降になったら年に2回（半年に1回）、10歳を過ぎたら年4回（季節ごと）の健康診断が理想である。

「ドッグ・ドック」にはコースプランが用意されている場合もあるので、かかりつけの獣医師と相談して、愛犬の年齢や状態、予算などに合ったプランを検討するといいだろう。

もちろんドッグ・ドックに限らず、気になることがあれば、その都度、それぞれの検査を受けることも忘れずに。

■**身体検査**（**触診・聴診・視診**）

関節やリンパ節が腫れていないか、目や耳、皮膚、口の中などに異常がないか、心音に異常がないかなど、直接見て、触って、聞いて診断する。

■**血液検査**

血液検査は赤血球や白血球を調べる「血液検査」、臓器の機能を調べる「血液化学検査」、フィラリアなど寄生虫の有無を調べる「寄生虫検査」、内分泌濃度を調べる「血中ホルモン検査」などに大別される。

これらの検査により、腎不全、糖尿病、クッシング症候群、甲状腺機能低下症、貧血、脱水、膵炎、アレルギーなど様々な病気を発見したり、原因を突き止めたり、体の状態を知ることができる。

血液検査結果表には目安となる「正常値」が明記されている。検査結果の数値が正常値

きめ細かく愛犬の健康をサポートできるとして犬のための健康診断「ドッグ・ドック」が注目されている。どんな検査をして、どんなことがわかるのかを解説。

の範囲より高い・低いにより、病気の発見や症状の原因を突き止めることにつながる。

正常値の範囲に収まっていない項目などは獣医師と相談をして、治療を開始するだけではなく、日頃の健康管理のために役立てるといい。また、定期的に検査を行って記録しておけば、愛犬の健康状態や体の傾向を把握することができるようになるため、日常生活の中で予防・改善などがしやすくなる。

■尿検査

腎臓で血液からろ過された後の老廃物は、水分と一緒に排泄される。その尿の中に何が残っているかを調べるのが尿検査で、他の検査に比べて犬が怖い思いをせずに比較的簡単にできる。腎臓や尿路、肝臓や胆道系の異常の検知の他、腫瘍細胞の検出などもでき、臓器の機能具合を把握することができる。

採取した尿を持参することもできるし、難しい場合は動物病院で採取も可能。

■糞便検査

寄生虫の有無、消化管の炎症や異常、細菌のバランス、消化不良の有無、細胞成分などを調べる。検査にあたって糞便を持参する場合は、指の第一関節くらいの量を採取したら、乾燥させないようにビニール袋などに入れて持参すること。

■X線検査

ごく微量の放射線を照射して全身の状態を調べる検査。臓器の大きさや形の異常、肝臓・脾臓などの臓器の陰影の異常、胸や肺に水が溜まっていないか、骨や関節の異常、結石の有無など、多岐にわたって調べることができる。検査時間は非常に短い。最適な位置で撮影を行えるよう、検査内容によっては鎮静薬や麻酔を使用することもある。安全性の高い薬を正しく使えば、犬への負担はほとんどなく行える。

←次ページへ

病気の早期発見、
早期治療に役立つ健康診断を
定期的に受けよう！

■超音波検査
心臓や腹腔内の臓器などに人が聞くことができない高周波の音波をあてて、跳ね返ってきた音を画像に表し、リアルタイムで臓器の様子を確認する検査。様々な臓器の内部の状態、血管の状態、腫瘤の有無、心機能に異常がないかなどを調べることができる。最近では、関節疾患や筋肉疾患の診断にも利用されている。麻酔不要で痛みもない検査なので、体に負担もなく安心して受けられるが、密な被毛の部位では毛刈りが必要となる。

■検査結果
ドッグ・ドックの検査結果から、今は健康な状態でも今後かかる可能性が高い疾患なども予想することができる。その場合は病気の予防策や注意点など、獣医師のアドバイスを受けると安心だ。

今後の病気の早期発見、早期治療、健康管理など、トータルで生活の質の向上に役立てることができるドッグ・ドック。定期的な受診は大きなメリットになる。

尿検査の種類

●尿スティック検査
スティック状の試験紙に採取した尿をつける。尿のpH値、尿糖、血尿、ビリルビン、タンパク、ケトンなどの値を調べる。

●尿比重検査
採取した尿を遠心機にかけ、分離した液体部分を尿比重計で測定する。数値が正常値より下回れば腎臓疾患などが疑われる。

●尿沈渣検査
遠心機で分離した後、尿に含まれた沈殿物を顕微鏡で調べる。赤血球や白血球の数、細菌、結晶、尿円柱の有無など病気がある場合は沈殿物が増える。

糞便検査の種類

●浮遊法
試験管に入れた便を薬液で溶かし15分ほど放置すると虫や卵が浮き上がってくる。回虫や鉤虫などの寄生虫の卵やコクシジウムなどの原虫の有無を顕微鏡で調べる。

●直接法
採取した便をスライドガラスに直接載せて顕微鏡で見る。浮遊法で確認できたものに加えて、ジアルジアや細菌なども確認することができる。

●PCR検査（遺伝子検査）
外部の検査機関に依頼する。院内検査で検出しにくい下痢の原因を検出してくれる。新しく迎え入れた子犬や、軟便や下痢を繰り返す犬にはぜひ受けてもらいたい検査である。

10章

皮膚・耳の病気

外耳炎など耳に多い疾患は、皮膚の病気と密接な関係があるため同じ章にまとめた。アレルギーをはじめ、ボストン・テリアには皮膚の病気が少なくない。日頃のケアを大切に。

皮膚のつくり

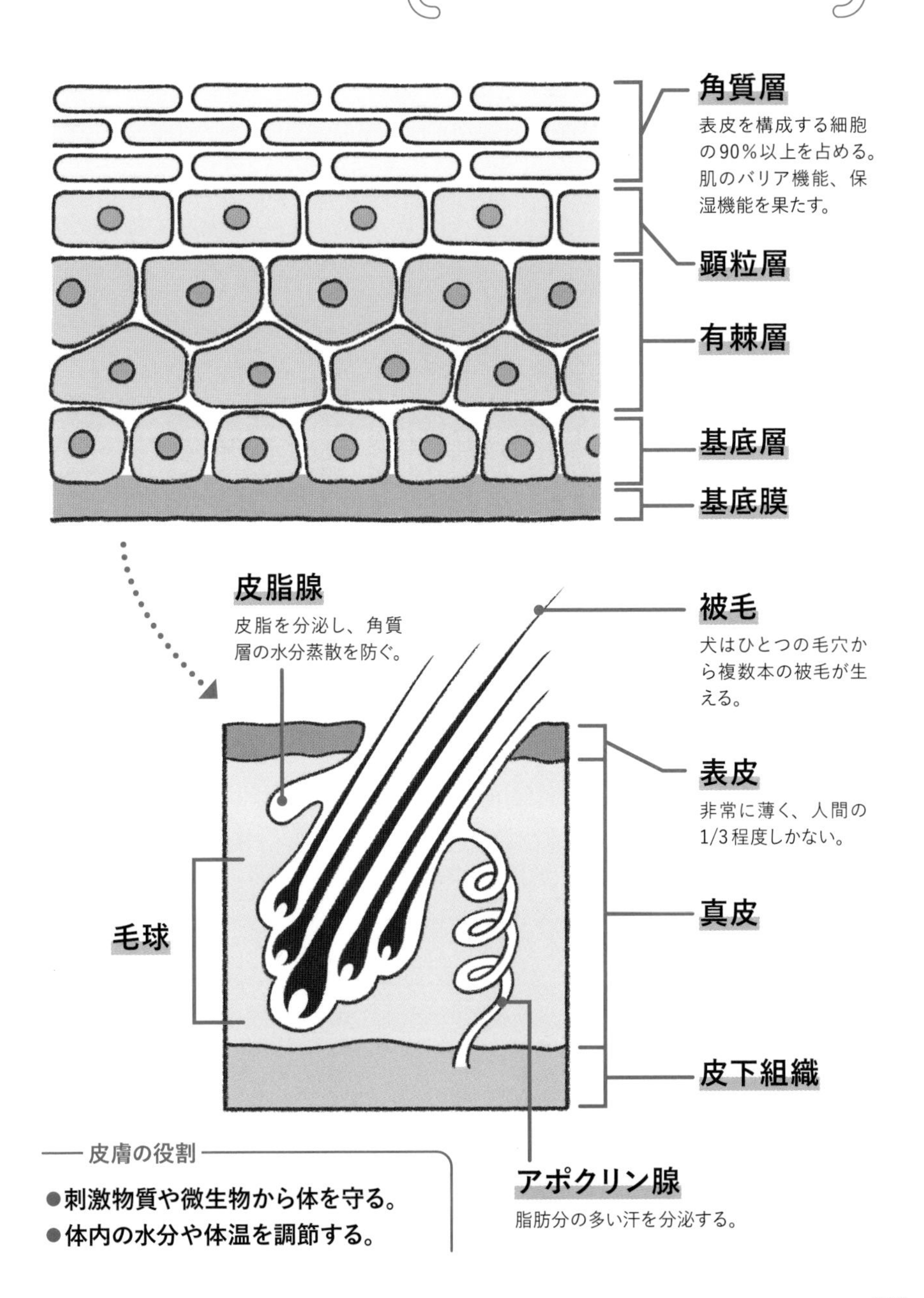

角質層
表皮を構成する細胞の90%以上を占める。肌のバリア機能、保湿機能を果たす。
顕粒層
有棘層
基底層
基底膜
皮脂腺
皮脂を分泌し、角質層の水分蒸散を防ぐ。
被毛
犬はひとつの毛穴から複数本の被毛が生える。
表皮
非常に薄く、人間の1/3程度しかない。
毛球
真皮
皮下組織
アポクリン腺
脂肪分の多い汗を分泌する。
皮膚の役割
●刺激物質や微生物から体を守る。
●体内の水分や体温を調節する。

子犬〜若犬に多い病気

子犬から若犬の時期（この場合は0歳から4歳未満までを示す）は、皮膚自体の免疫機能が完成されていない。皮膚の抵抗力が弱く、皮膚の病気にかかりやすい傾向がある。

●膿皮症（のうひしょう）

常在菌であるブドウ球菌が増殖し、皮膚トラブルを起こす病気（詳しくは140ページを参照）。

●皮膚糸状菌症（ひふしじょうきんしょう）

皮膚糸状菌と呼ばれるカビが原因で皮膚に炎症を起こす。糸状菌には犬小胞子菌、白癬菌、石膏状小胞子菌などがあり、空気中や土から感染する（詳しくは141ページを参照）。

●ニキビダニ症（しょう）

症状

- 目や口周り、足先に脱毛がある
- 脱毛した部分が赤く腫れ上がっている
- 病変が赤い割にかゆみがない

原因

ニキビダニは「毛包虫」「アカラス」ともいわれており、健康な犬でも少数ながら毛穴に寄生しているダニの一種。しかし、皮膚の免疫力が弱いとニキビダニが極端に増殖し、皮膚にトラブルを引き起こしてしまう。

目や口周り、足先に症状が出ることが多いが、ひどくなると全身に症状が出てくる。中高齢でニキビダニを発症した場合は裏に重度の疾患が潜んでいることを忘れてはならない。

治療

ノミダニ用の内服予防薬のいくつかの種類が、ニキビダニ治療に非常に良い効果を示す。

●皮膚疥癬（ひふかいせん）

症状

- 激しいかゆみがある　・脱毛
- フケやカサブタがある

原因

疥癬虫（ヒゼンダニ）と呼ばれるダニが寄生することで、皮膚にトラブルを起こす。疥癬虫にはいくつか種類があるが犬に多いのはイヌセンコウヒゼンダニによるもの。すでに感染・寄生している犬やタヌキとの直接、あるいは間接的接触によって発症する。ホームセンターでペット用カートを使用して感染したという例もある。

治療

駆虫薬を用いて寄生しているダニを完全に駆虫していく。非常に強いかゆみが出るため、体を掻きむしって傷ができていると、そこから細菌感染などを引き起こしている場合もある。症状に合わせて治療を行っていく。

疥癬虫は人へも感染するためくれぐれも気をつけておきたい。ただし宿主特異性が強いので寄生はしない。

●耳疥癬（みみかいせん）

症状

・耳垢が黒っぽく、悪臭がする
・耳をしきりに掻いたり、頭をぷるぷる振ることが多い

原因

耳ダニとも呼ばれ、耳垢を食べて耳の中で卵を産んで増えていくミミヒゼンダニに感染することで、外耳道に炎症を引き起こす病気。ミミヒゼンダニが寄生している犬などとの接触によって感染する。

治療

耳道内を洗浄するとともに、駆虫薬を用いてダニを駆除していく。ただし、駆虫薬はダニの卵には効果がないため、何回か間隔を置いて駆虫することになる。また、外耳炎の状態によって抗生剤や消炎剤などの内服が必要な場合もある。

治療によって完治できる病気だが、状態によって時間がかかるので、根気よく治療を続けることが大事。

●マラセチア性外耳道炎（せいがいじどうえん）

症状

・耳をかゆがる　・耳の中が汚れている
・耳から悪臭がする

原因

マラセチアは酵母菌という真菌（カビ）の一種。正常な皮膚にもいる常在菌だが、何らかの要因で耳の中で過剰増殖することで、炎症を起こしてしまう病気。外耳炎の原因として比較的多いのが、マラセチアによるものといわれている。脂を好む菌のため、皮脂分泌が多い犬は注意したい。

治療

必要な検査を行いマラセチアが原因なら抗真菌薬を投与する。軽い炎症程度なら、耳の洗浄だけで様子を見る場合も。

●食物(しょくもつ)アレルギー

症状

・かゆみや脱毛が見られる
・慢性的な嘔吐が見られる
・慢性的な軟便や下痢が見られる

原因

特定の食べ物に対して過剰な免疫反応が起こり、皮膚炎や下痢、嘔吐などのトラブルを引き起こす病気。アレルギー反応を起こすもの（アレルゲンと呼ぶ）は牛乳や乳製品、卵、鶏肉などのタンパク質が多いが、保存料や着色料など食品添加物が原因となる場合もある。

治療

食事療法を行っていく。まずはアレルゲンとなっている食物成分を特定するため、除去食試験を実施する。ドッグフードを与えていたなら、今まで食べていたものを一切やめ、アレルギー用の処方食またはアレルゲンフリーのドッグフードを与えて1～2ヶ月程、様子を見ていく。

症状が緩和されたら、そのまま獣医師の指示に従うこと。生後2～3ヶ月で発症することもあるが、1歳頃に多いので注意しておきたい。

アレルギーってどうして起こるの？

人間や犬をはじめとする動物には、自分の体を守るための仕組みとして「免疫作用」がある。「免疫作用」は、細菌やウイルスなど害となるものが体内に入ってきた時、それらを排除するために働くようになっている。

しかし、本来ならば害のない物質に対して、免疫が過剰反応してトラブルを引き起こすことがある。これがアレルギー反応と呼ばれるものだ。アレルギーを引き起こす原因物質をアレルゲンと呼ぶ。犬では食物アレルギーが最も多いが、ノミや花粉などに反応する犬もいる。

アレルゲンと思われる物質に対して一度体が反応（感作）してしまうと、次に同じ物質が入ってきた時に、炎症やかゆみなどの症状を引き起こす。

免疫作用に異常をきたす原因は、はっきりとはわかっていない。

成犬に多い病気

4歳から7歳頃までは皮膚のバリア機能もできあがっていて、皮膚に関しては一番丈夫な時期。この時期に皮膚の異常が起こったら原因を詳しく調べることが大事。

●脂漏性皮膚炎（しろうせいひふえん）

症状

・皮膚がベタベタする　・フケが見られる
・かゆみや脱毛が見られる

原因

皮膚を保護し、乾燥を防ぐ役割をしている皮脂が、過剰に溜まってしまい皮膚にトラブルを起こす。原因には様々あるが、生まれつき皮脂の分泌が過剰な場合と、他の病気が原因となって引き起こされている場合が考えられる。

治療

1週間に1～2回の定期的な薬用シャンプーを行う他、かゆみがひどい場合はかゆみ止めなどの塗り薬で治療していく。原因となっている病気があればそちらの治療も行う。年齢とともに悪化しやすくなるため、皮膚のべたつきが気になったら早めに対処しておきたい。

●指間炎（しかんえん）

症状

・足をしきりに舐めている　・指や肉球の間が赤い
・歩き方がいつもと違う

原因

指と指の間や肉球の間に炎症が起きる病気。散歩中に砂や小石などの異物がはさまることで起こったり、アレルギーやアトピーが主な原因となる。

治療

発症原因によって治療方法は異なるが、基本はシャンプー剤による洗浄、消炎剤の塗布になる。散歩から帰宅後は、足をよく確認することが予防につながる。

●マラセチア性皮膚炎（せいひふえん）

症状

・皮膚がベタベタする　・フケが見られる
・かゆみや脱毛が見られる

原因

真菌（カビ）の一種で酵母菌であるマラセチアが異常に増えて皮膚にトラブルを引き起こす。マラセチアは常在菌のひとつだが、皮脂が増えると皮脂をエサとして増えてしまう。

治療

増えすぎたマラセチアの数を減らすため、抗真菌薬の投与の他、薬用シャンプーなどでマラセチアのエサとなる皮脂を洗い落としていく。頻度などは獣医師の指示に従う。

●アレルギー性皮膚炎

症状

・皮膚に赤みが見られる
・かゆみや脱毛が見られる
・皮膚が厚くガサガサしている

原因

アレルギー反応を引き起こす物質（アレルゲン）に対して免疫反応が働いてしまい、皮膚にトラブルを起こす病気。アレルゲンとなるものは様々で、主なものに花粉、ハウスダスト、ノミ、食物、薬物、腸内寄生虫などがある。

治療

皮膚症状を引き起こしているアレルゲンを、アレルギー検査で調べることが治療の一環となる。アレルゲンをある程度絞り込めれば、可能な限り生活環境からアレルゲンを除去する。かゆみがある場合は、かゆみ止めを内服する。

●マラセチア性外耳道炎

詳しくは130ページ参照。

●細菌性外耳道炎

症状

・頭を振るそぶりが見られる
・耳をかゆがる
・耳が臭い
・悪臭のある耳垢が出る

原因

細菌感染によって、外耳道に炎症が起こる病気。感染する細菌の種類や程度によって、様々な耳垢が出てくる。たいていは悪臭があり、どろっとしている。重症化すると、耳から膿が出ることもある。放置しておくと外耳炎から中耳炎、内耳炎まで進行していく。

治療

耳垢検査を行い、細菌やマラセチアの有無を確認。耳道を洗浄液で洗浄して、耳垢を取り除く。耳道を清潔にしたあとに、感染した細菌に対応する抗菌剤を点耳していく。治療開始後はしばらく間を置かない点耳が必要になる。重症の場合は内服薬を併用することもある。

シニア犬に多い病気

7歳以降は年齢を重ねるにつれ抵抗力が低下するため、子犬の時期と同様に感染症による皮膚トラブルが増える。ホルモン系などの病気の影響で、皮膚に異常が見られることも。

●甲状腺機能低下症

甲状腺ホルモンの機能が低下することで引き起こされる病気。代表的な症状のひとつに、脱毛が挙げられる。脱毛は体幹部やシッポ部分に多く、左右対称に毛が抜ける。また、かゆみがそれほど出ないのが特徴。脱毛部に色素沈着が見られる場合もある。二次的に脂漏症がある場合はかゆみが出てくる（詳しくは１０８ページ参照）。

●副腎皮質機能亢進症

クッシング症候群ともいわれ、副腎皮質ホルモンが過剰に分泌されて引き起こされる病気。症状のひとつに左右対称の脱毛がある。脱毛は体幹部やシッポ部分に多く、脱毛箇所の皮膚は血管が透けて見えるほど薄くなってしまう。二次的に膿皮症やニキビダニ症などの皮膚病を引き起こす場合もある（詳しくは１０５ページ参照）。

●ノミアレルギー性皮膚炎

症状

・激しいかゆみがある　・ブツブツや赤みが見られる
・脱毛が見られる

原因

ノミに刺されることでアレルギー反応を起こし、皮膚にトラブルを起こす病気。若いうちはノミに刺されても症状が出ない。長年繰り返し刺されることによって、中年期以降、体がノミに対するアレルギー反応を起こして、初めて発症してしまう。一度発症すると、完治が難しい。

治療

ノミの寄生が確認できたら、まずは駆除を行う。また、炎症の状態に合わせて抗炎症剤などを使用する。子犬の頃からしっかりとノミ駆除剤を使用しておけば防げる病気なので、定期的なノミ予防を心がけておきたい。

●膿皮症

詳しくは１４０ページ参照。

●皮膚糸状菌症

詳しくは１４１ページ参照。

●ニキビダニ症

老齢になってからニキビダニ症をはじめ、細菌感染による皮膚病がなかなか治らない場合は、悪性腫瘍や重度の内臓障害など重篤な疾患を疑う（詳しくは129ページ参照）。

●皮膚腫瘍

症状

- 皮膚にしこりが見られる
- ポコッと膨らんでいる

原因

腫瘍とは「できもの」や「こぶ」「はれもの」などを示す。「しこり」と呼ぶ場合もある。腫瘍と呼ばれる段階では、単なる皮膚の炎症なのか、良性または悪性の腫瘍なのかわからない。何が原因となって腫瘍ができたか、その腫瘍の外観のみでは判断が難しい場合がある。

治療

治療のためには腫瘍の正体を調べる必要がある。組織を採取し、顕微鏡で見る細胞診検査などを行い、判断する。腫瘍が疑われる場合は良性か悪性か、詳しく検査を行う。

しこりのようなものを見つけたら絶対につぶさないこと。「米粒大のしこりに気づいてはいたが、痛がっていないので様子を見ていたらこんなに大きくなった」と受診した結果、すでに手遅れというケースも多い。しこりを発見した時点で検査することが重要である。

シワのある犬種はお手入れが大切！

ボストン・テリアの特徴とも言える顔のシワ。しかし、シワの間は皮脂や涙、食べかすなどの汚れが溜まりやすい場所でもある。汚れたまま放置してしまうと、雑菌が繁殖して皮膚トラブルの元になることも。こまめなケアが必要になる。ウエットティッシュで拭き取ったあと水分が残っていると、やはり雑菌の元になってしまうので、タオルやガーゼで水分をしっかり拭き取るようにする。シャンプー後もシワの間を乾かすことを忘れずに。

耳のつくり

耳介
集音装置、放熱作用、コミュニケーションなど様々な機能を持つ。

耳小骨
鼓膜に伝わった振動を内耳に伝える。

半規管
平衡感覚を司る。三半規管ともいう。

前庭
平衡感覚のコントロールを助ける。

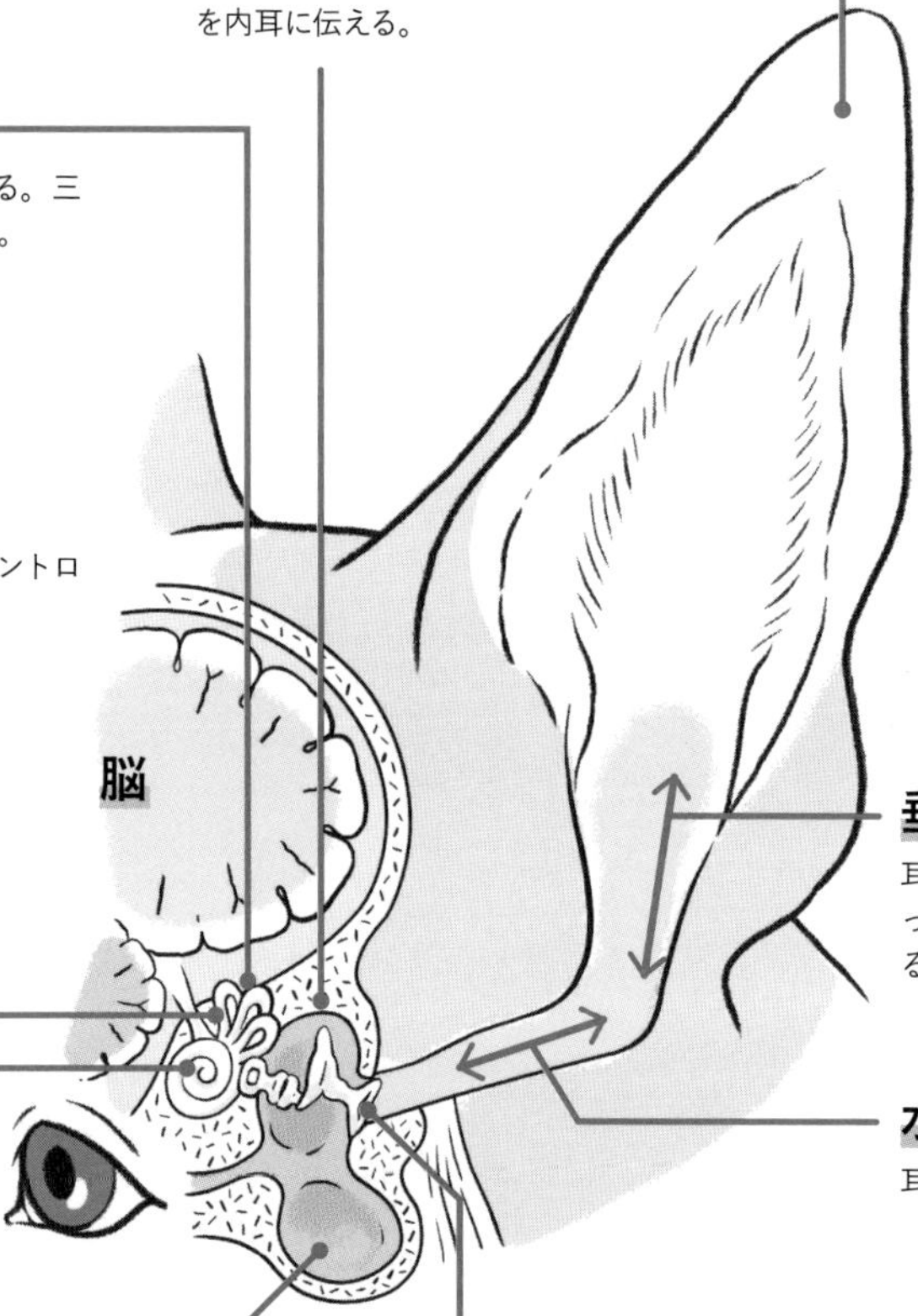

脳

垂直耳道
耳の縦穴。人間と違ってL字型になっているのが特徴。

水平耳道
耳の横穴。

鼓膜
音を効率的に集め、内耳に伝える。

蝸牛
音を中枢神経に送る器官。

鼓室胞
空気で満たされた空間で、音を伝える。

耳の役割

- **優れた集音器となっている。**
- **感情を表現する。**

中耳炎・内耳炎

…ちゅうじえん・ないじえん

症状

- 耳をかゆがる、痛がる
- 耳の中が汚れている、においがする
- 耳の入り口が赤く腫れて狭くなる
- 頭を傾ける

原因

鼓膜の奥にあたる部分の中耳、さらにその奥の内耳に炎症を起こす病気。外耳炎からの炎症が鼓膜を破って、中耳まで炎症が広がってしまうことが多い。鼻や口腔内の炎症が鼻管を通して引き起こす場合や、アレルギーが原因の場合もある。中耳炎を悪化させて内耳にまで進行することもある。

治療

まずは**耳垢検査で、何が炎症の原因となっているのかを調べる。**

耳鏡検査が可能であれば耳道内に炎症や異物・しこりがないか、鼓膜は正常か、など調べていく。

原因や症状に合わせた治療を行うことが大切となる。

中耳炎が改善しない場合には、全身麻酔下で細いチューブを中耳内に挿入して徹底的に洗浄する。これを何回も繰り返して鼓膜の修復を待つ方法もある。重度の場合は全耳道切除、鼓室胞切開などの手術が必要な場合も。

いずれにしても治療を始めてすぐに改善するケースは少ない。数ヶ月以上はかかると覚悟しておく必要がある。

耳血腫

…じけっしゅ

症状

- 耳介部分が膨れて腫れている
- しきりに耳を気にしている
- 耳を触られるのを嫌がる

原因

耳介部分には2枚の薄い軟骨があり、その間には血管がある。何らかの原因で**軟骨が裂け、血液や血様の漿液が溜まって耳介が腫れてしまう病気。**

原因には大別すると2種類あり、耳を強くぶつけたり、他の犬にかじられたりなど物理的な場合と、免疫系の異常によって起こる場合がある。

治療

そのままにしておくと、耳介の軟骨が萎縮してしまったり、腫れて外耳道が狭くなることで外耳炎を悪化させるなど、様々な支障を引き起こすため、**早めの治療が必要**となる。

症状が軽い場合は、**針などで耳介に溜まっている血液や漿液を取り除きステロイド剤を注入**する。消炎剤を内服させることもある。抜いても再び繰り返すようであれば、切開手術が必要な場合もある。

耳垢腺癌

……じこうせんがん

症状

- 耳の中が汚れている、悪臭がする
- 耳をかゆがる、痛がる
- 外耳炎がなかなか治りにくい、再発を繰り返している
- 捻転斜頸、水平眼振（前庭障害）
- 顔面神経麻痺

原因

耳の中にある、**耳垢を分泌している耳垢腺に悪性腫瘍ができる病気**。耳以外にできる腫瘍と同じで、はっきりとした原因はわかっていない。

この腫瘍は耳道内浸潤が強く、内耳や脳にも浸潤していく。さらに下顎リンパ節や耳下腺に転移し、全身へ転移することもある。

治療

耳垢検査や耳鏡検査の他、X線検査やCT検査、MRI検査、病理組織検査など必要に応じた検査を行い、良性・悪性の判断をしていく。

腫瘍ができている場所や大きさ、進行状態などに合わせて、全耳道切除術など手術方法を選択して、**外科手術により腫瘍部分を広範囲に切除する**。

完全摘出できない場合には、手術後に放射線治療を併用することもある。

他の腫瘍と同様、年齢を重ねたシニア犬のほうが発症しやすい。

真珠腫

……しんじゅしゅ

症状

- 耳の中が汚れている、悪臭がする
- 耳をかゆがる、痛がる
- 外耳炎や中耳炎がなかなか治りにくい、再発を繰り返している

原因

鼓膜の一部が中耳側にへこんで、**袋状になった部分に耳垢などが溜まって膨らんでしまう病気**。膨らんだ部分が白い真珠のように見えることから、この病名となった。

はっきりした原因はわかっていないが、慢性の外耳炎や中耳炎などを繰り返す場合はこの病気が疑われる。

治療

耳垢検査や耳鏡検査の他、X線検査やCT検査、病理組織検査など必要に応じた検査を行う。基本的には、**外科的治療として真珠腫の部分を摘出する**ことになる。

真珠腫は耳の奥にできるため、飼い主が外から見ただけではわからない。少しでも愛犬のそぶりがおかしいと思ったら早めに動物病院で診てもらうことが大切だ。

ボストン・テリアに多い病気

アトピー性皮膚炎

あとぴーせいひふえん

症状

●足先、足の付け根、顔面、脇下、腹部、外陰部とその周辺、耳周りなどを舐める、擦る、引っ掻く　●脱毛　●フケが増える
●皮膚が赤く腫れたり、ただれている
●皮膚の色素沈着　●季節性がない
●ゾウのような固く厚い皮膚になる

原因

遺伝的要因により、ダニや花粉、カビ、食物中のタンパク質、穀物類、植物など、様々な環境物質に反応しやすい過敏な体質（アトピー体質）で、**皮膚バリアの異常やアレルギーを持ち合わせている犬に発症しやすい。**

激しいかゆみにより、四六時中掻いたり、舐めたり、体を床に擦ったりして、皮膚が赤く腫れたりただれたり、カサブタのように硬く分厚くなってしまう。その行為が繰り返され、膿皮症やマラセチア性皮膚炎など、二次的な皮膚疾患を発症することもある。

高温多湿の夏場に症状が悪化することが多いが、ほぼ1年中症状が続くのが特徴。犬のアトピー性皮膚炎は加齢とともに悪化するため、**完治は難しいといわれている。**

治療

初めて発症した年齢や季節性の有無、食事内容、生活環境、これまでの経過など**詳細に問診する。**そして、体全体を見て触って観察する。合わせて内臓疾患、感染症などを総合的に診察する。

また、アレルゲンをある程度まで特定する検査としてIgE抗体測定検査がある。

かゆみを軽減するために、ステロイド剤や抗ヒスタミン薬、シクロスポリン、オクラシチニブなどの内服薬を服用する。最近では月1回の注射で済むロキベドマブもよく使用されている。皮膚のコンディションを良好に保つために、皮膚の表面で微生物が増殖しないよう抗菌シャンプーを並行して行う。

日常生活では、IgE抗体測定検査によりアレルゲンが推定されたら、生活環境からできるだけそれらの物質を排除すること。

また、**シャンプーやブラッシングをこまめに実行したり、低アレルギー食にするなど様々な対応を行い、改善・予防を心がけることが愛犬のかゆみの軽減につながる。**

症状

- 赤や黄色の発疹が見られる
- フケのように皮が剥ける
- 円形脱毛が見られる

ボストン・テリアに多い病気

膿皮症

のうひしょう

原因

何らかの原因によって**皮膚のバリア機能が低下し、皮膚内で細菌が繁殖してしまって皮膚炎を起こす病気**。細菌感染が皮膚のどの深さで起こっているかによって、症状に違いが出てくる。ほとんどの場合、常在菌のひとつであるブドウ球菌が原因となっている。

ブドウ球菌は、犬の皮膚の表面に常在している。健康な時には細菌が悪さをすることはないが、何らかの原因で皮膚のバリア機能が低下すると、増殖を抑制されていた細菌が増殖し始めて全身性に膿皮症を発症する。

皮膚のバリア機能は4歳で完成するといわれているので、**4歳未満で発症した場合はあまり心配しなくてもよい**。

しかし、バリア機能が完成している4歳以上の全身性膿皮症では、なぜこの年齢で膿皮症が発生したのか検討しなくてはならない。極度の精神的ストレス、慢性内臓疾患、免疫異常、アレルギー、ノミ、疥癬などの寄生虫などが原因として考えられる。また、高齢の犬では、甲状腺機能低下症、クッシング症候群などの内分泌疾患や糖尿病、悪性腫瘍などによっても引き起こされる。

治療

視診だけで膿皮症と判別できるケースもあるが、表皮小環という浅い部位の膿皮症は真菌と間違えることもあるので、皮膚検査で判別を付けることもある。

膿皮症と診断されたら、**抗菌作用のある薬用シャンプーを獣医師の指示のもとで使用していく**。シャンプーができない犬には、原因のブドウ球菌に対して有効な抗生物質を投与することになる。ただし、近年では耐性菌の問題があるので、抗生剤感受性検査を行ってから適切な抗生剤を使用する傾向がある。

通常1～2週間内服を続けて、改善が見られない場合は薬を見直すとともに原因を究明する必要がある。

ボストン・テリアに多い病気

皮膚糸状菌症

ひふしじょうきんしょう

症状

- フケが増える
- 赤い発疹、ブツブツした発疹
- カサブタ
- 湿った皮膚炎
- 水疱

原因

皮膚糸状菌は、動物の皮膚のタンパクを栄養とする真菌で、カビの一種。**人間にも感染する人獣共通感染症のひとつで、感染力が高いのが特徴**となる。

散歩中やドッグランなどで皮膚糸状菌症の犬と接触したり、家の内外を自由に出入りしている同居猫などが感染経路になることがある。また、菌の種類によっては土の中にも存在していて、**庭で土を掘り起こして遊んでいるうちに感染する場合もある**。健康な犬はかかりにくいが、子犬や老犬、免疫抑制剤や抗癌剤などを投与していたり、抵抗力が弱い犬の場合は感染しやすい。

症状は頭部、顔面、四肢、首、背中、シッポ、腹部などほぼ全身に現れる。菌が毛や皮膚のケラチン組織に感染すると脱毛して、やがてドーナツ状に広がりフケが増える。菌の胞子が飛び散り、体の様々な場所に脱毛が見られるようになる。また、菌が毛穴に感染すると赤い発疹やブツブツした発疹ができる。

治療

類似する症状の皮膚病が多いので、臨床症状だけでは診断できない。**必ず複数の検査を行い複合的に診断する**。皮膚から毛やフケを回収し顕微鏡で胞子の有無をチェックする抜毛検査、感染した毛が黄緑色の蛍光を示す特殊なランプを照射するウッド灯の検査、病原菌の種類を特定する培養検査などを行う。

治療法は、**抗真菌薬の内服薬とともに、抗菌薬用シャンプーや抗真菌薬の外用薬を併用する**。薬剤が浸透しにくい毛に感染が見られるため、内服薬と外用薬の組み合わせで治療が進められる。治療期間は数週間から数ヶ月と長いが、完治せずにやめてしまうと、再発してさらに時間がかかってしまう。**症状が治まっても自己判断で投薬を中止せずに、獣医師の指示に従うことが重要**になる。

皮膚病変が広くなるほど胞子量も増え、周囲への感染力も高くなる。清潔な生活環境を目指してこまめな掃除、洗濯を徹底し、愛犬や家族への感染を阻止することが大切だ。

ボストン・テリアに多い病気

外耳炎

がいじえん

症状

- 耳をかゆがる、痛がる
- 耳の中が汚れている、においがする
- 耳の入り口が赤く腫れて狭くなる

原因

耳の入り口から鼓膜の直前までの外耳道に炎症を起こす病気。原因として耳疥癬（耳ダニ）やマラセチア、細菌、アレルギー、アトピー、ホルモン異常によるものなどが挙げられる。膿皮症を持っている場合も外耳炎を引き起こしやすい。

立ち耳のボストン・テリアは、散歩中に草むらに入った時に草の実など異物が入り込んでしまって外耳炎を発症する場合もある。秋から冬に多い耳の病気で、発症直後は非常に痛がる。日にちが経つと耳の奥で炎症を起こし、化膿してくることも。

治療

耳の中が汚れていて耳垢も多いからといって外耳炎とはいえない。外耳炎とするなら耳道が腫れて変色している、あるいは耳垢に細菌やマラセチア、耳疥癬などが検出されなくてはならない。

耳の腫れもなく耳垢に何も検出されなければ単なる耳垢なので、抗生剤などを使用する必要はなく、耳洗浄だけで十分である。

まずは耳垢検査で何が炎症の原因になっているのかを調べる。耳鏡検査が可能であれば耳道内に炎症や異物・しこりがないか、鼓膜は正常かを調べていく。原因や症状に合わせた治療を行うことが大切となる。

例えば、耳垢検査でマラセチアが判明したら抗真菌薬を投与する。軽い炎症程度であれば、耳の洗浄だけで様子を見ることもある。

感染症

ウイルス、細菌、真菌や寄生虫などによって起こる感染症をまとめた。ウイルスや寄生虫の感染はワクチン、予防注射で防げることも多い。飼い主の義務と責任として必ず予防を。

ウイルス感染

ここで紹介するウイルス感染症は発症した場合、ほとんどのものがそのウイルスに対する治療薬がない。ただし、どれもワクチン接種で予防可能である。ワクチン接種についてはかかりつけの動物病院と相談しつつ、予防に努めるようにしたい。

●犬パルボウイルス感染症

症状

- 激しい下痢と嘔吐
- 元気消失、衰弱
- 発熱がある場合も

原因

発症した犬の糞便や嘔吐物、発症した犬との接触から感染する。それ以外にも、汚染された飼い主の服、手、床、敷物などからも感染する。環境中では数ヶ月も生存できるウイルスといわれており、人間の靴について様々な場所へ運ばれる可能性がある。子犬に多く、伝染力も致死率も高い病気。

治療

犬パルボウイルスに有効な薬は存在しない。下痢や嘔吐で衰弱した体力を回復させるため、輸液や制吐剤の投与などの対症治療を行っていく。

●犬コロナウイルス感染症

症状

- 下痢、嘔吐
- 食欲が落ちる
- 軽症では無症状の場合もある

原因

発症した犬の糞便や嘔吐物、発症した犬との接触から感染する。抵抗力のある成犬では軽症なこともあるが、抵抗力の弱い子犬は重症化しやすい。細菌や腸内寄生虫との合併症を起こすと命に関わる場合もある。

コロナウイルスにもいくつかの種類があり、この場合は新型コロナウイルスとは別のものとなる。

治療

ウイルスに対する薬はないため、犬の体力を回復させるための輸液や制吐剤の投与などの対症治療を行う。細菌感染を防ぐため、抗生物質を投与する場合もある。

●犬ジステンパー

症状

- 発熱、鼻水、咳
- 下痢、嘔吐
- けいれん

原因

発症した犬の糞便や鼻水、唾液、接触などから感染する。ジステンパーは伝染力が強いウイルスのひとつ。子犬や高齢犬など抵抗力の弱い犬に感染しやすく、発症すると致死率も高い。

初期段階は風邪の症状に似ており、見逃しやすい。若い犬では突然、けいれんなどの神経症状を起こす場合もある。高齢の犬では徐々に進行するにつれ、神経症状の他、うつ状態になるなどの脳炎症状が見られることもある。

治療

ウイルスそのものに対する治療法はないため、発症した場合は対症療法を中心に行うことになる。栄養や水分補給などを行って、体力の回復を助けていきながら、症状に応じて抗菌剤や抗生物質などを投与する。

●犬伝染性肝炎（いぬでんせんせいかんえん）

症状

- 発熱、鼻水
- 嘔吐、食欲不振
- 黄疸、むくみ

原因

犬アデノウイルスⅠ型に感染することで様々な症状を引き起こす。発症した犬の咳やくしゃみ、鼻水などの飛沫物が口の中に入って感染するケースが多い。症状には、1日以内に突然死するものから、肝臓に炎症を起こすもの、症状が現れないものなどがある。1歳未満の子犬は重症化しやすく、命に関わる場合がある。

治療

他のウイルス感染症と同様に、この病気においてもウイルスに対する有効的な治療法はない。肝臓の再生と機能回復を助ける対症療法を中心に行っていく。

●ケンネルコフ

症状

- 運動後や興奮時などにコホコホと乾いた咳が続く
- 発熱、鼻水
- 呼吸が荒く、苦しそうになる

原因

いくつかのウイルスや細菌に、単独あるいは混合して感染することで引き起こされる病気。主に犬アデノウイルスⅡ型と犬パラインフルエンザウイルスが原因になることが多い。発症した犬の咳やくしゃみ、鼻水などの飛沫物から感染する。

たくさんの犬が生活しているケンネル（犬舎）で発生することが多く、主な症状がコフ（咳）であることから、この病名になっている。

治療

ウイルスに対する効果的な治療法はないため、症状に合わせた対症療法を行うことになる。

細菌感染が関与している場合は抗生物質を投与し、咳がひどい場合は咳を抑える薬剤や吸入療法を行う。

●狂犬病

症状

- ・暗闇に隠れる、物音に驚くなど、これまでと違う行動が見られる
- ・ヨダレをダラダラ流す
- ・凶暴になる　・けいれんする

原因

狂犬病ウイルスの感染によって引き起こされる病気。人間を含め、すべての哺乳類に感染するため、発症した犬や野生動物に噛まれると、犬だけでなく人も感染する。

噛まれた場所により、発症まで一般的に1～2ヶ月、長いと数ヶ月以上かかる場合がある。脳に近い場所ほど早く発症するといわれ、発症すると2～3日の間にほぼ１００％で死に至る。

治療

狂犬病の治療法は今のところない。発症した場合は、残念だが治療は行わず安楽死が選択される。

もし人間が狂犬病の疑いのある犬に噛まれたら、すぐに傷口を水洗いし、極力早く暴露後免疫のワクチン接種をすること。接種開始日を0として、3、7、14、30、90日と決められたスケジュールで6回接種することになる。

日本では狂犬病予防法により、すべての犬に年1回の予防接種が義務づけられている。１９５７年以降、国内では発生していないが、海外で発生している国は多くあるため、いつ日本で発生してもおかしくない。

毎年の狂犬病予防接種は愛犬だけでなく、人を守るためでもある。

細菌感染

細菌性の感染にも様々な種類がある。犬同士で感染するだけでなく、犬から人へ感染する可能性がある感染症も存在するため注意が必要だ。

●ブルセラ病

症状

- ・オスの場合　精巣・精巣上体・前立腺の膨脹、不妊
- ・メスの場合　流産を繰り返す

原因

ブルセラ・カニスといわれる細菌の感染で引き起こされる病気。人にも感染する人獣共通感染症のひとつ。犬の場合は感染犬の尿や流産時の汚物、乳汁、交尾などから感染する。人間の場合は感染犬の血液、乳汁、尿、体液、胎盤との接触で感染する。

感染した犬でも見た目や行動は元気であり、すぐわかる症状を出さないため、発見されにくい。

人は発熱や関節痛など風邪様症状の他、男性・女性ともに不妊症、妊婦の場合は流産する可能性がある。

治療

ブルセラ病だと判明した犬は、有効

的な治療法がないため、基本的に安楽死処置を行うことが推奨されている。どうしても安楽死を避けたいなら、犬を完全隔離するしかない。

　人の場合、感染した犬と接触しても必ず感染するものではないが、抵抗力が落ちている人、これから妊活予定の男女、妊婦、子どもやお年寄りなどは気をつけたい。

●レプトスピラ病

症状

・甚急性型　発熱、震え、口腔内・粘膜からの出血
・黄疸型　甚急性に見られる症状に加えて、強度の黄疸が出る
・急性型　嘔吐や脱水、呼吸困難
・亜急性　腎炎症状

原因

　レプトスピラ菌が原因で発症する病気。人へも伝染する人獣共通感染症のひとつ。保菌しているネズミの尿中に菌が排出され、それが川や池、水溜まりなどに紛れ込む。汚染された水を犬が飲んだり、水を踏みつけた足を舐めたりして感染するケースが多い。甚急性型（最も激しい経過を示す）の場合は数時間〜数日で死に至る。

　地域性があり、関東より南の暖かい地方（四国や九州地方）に多いといわれているが、関東北部でも時折発症しているので注意が必要である。

　人の場合も同様に、菌に汚染された尿などとの接触が原因となる。人に見られる主な症状としては、発熱、筋肉痛、頭痛、悪寒、喉痛、悪心、嘔吐、下痢などになる。

治療

　細菌による感染なので、治療には抗生物質を投与する。レプトスピラ病はワクチンがある。混合ワクチンに含まれているので、住んでいる地域だったり、山や水場によく行くなどのライフスタイルによって、ワクチン接種をしておくことが予防になる。

●ブドウ球菌

症状

・何らかの原因で異常に増えると皮膚トラブルを起こす

原因

　ブドウ球菌は、健康時から犬の皮膚につねに存在する菌のひとつ。基本的に健康時にはとくにトラブルを起こすことはない。免疫機能の異常や内分泌系疾患、アレルギー性皮膚炎、悪性腫瘍など、皮膚のバリア機能が低下した時に過剰増殖することでトラブルを引き起こす。ブドウ球菌が原因の病気が膿皮症（140ページ参照）だ。

治療

　膿皮症の治療と同じ。

●カンピロバクター

症状

・菌に汚染された食品や水を口にすると嘔吐や下痢を起こす

原因

カンピロバクターは下痢などの腸炎を引き起こす細菌のひとつ。菌に汚染された食品や水の他、保菌している動物の排泄物との接触でも感染する。

感染しても症状を現さないことも多いが、抵抗力の弱い子犬や、病気やストレスなどで免疫力が低下していると腸炎の症状を引き起こす。人獣共通感染症のひとつであり、人が感染した場合も、下痢や嘔吐などの消化器症状、胃腸炎が主な症状となる。

治療

症状に合わせて治療を行う。抗菌剤の投与のみで回復する場合もあるが、脱水症状が見られる時には、輸液や栄養補給など対症療法も行っていく。

●大腸菌（だいちょうきん）

症状

・菌に感染することで、下痢や嘔吐など腸炎症状を起こす

原因

大腸菌は人間をはじめ、哺乳類の腸内細菌のひとつ。様々な種類があり、ほとんどのものが病原性がなく無害だが、一部には下痢や嘔吐などの消化器症状を引き起こす大腸菌がいる。

大腸菌に汚染された食物や水の摂取により下痢や嘔吐などを引き起こす。

人にも感染する人獣共通感染症のひとつ。人も下痢や嘔吐などの消化器症状を起こす。感染した犬の排泄物を片付けた後は、手洗いを忘れずに。

治療

抗菌剤の投与の他、下痢や嘔吐で脱水症状が見られる時には輸液や栄養補給などの対症療法も行う。

●パスツレラ症（しょう）

症状

・犬に症状は出ない

原因

犬は約75％、猫はほぼ100％がパスツレラ菌を口腔内常在菌として保菌しているといわれている。

犬や猫はこの菌があっても問題なく何も発症することはない。菌を保有する犬や猫から人に感染して、何かしらの症状を現す病気になる。

犬や猫に噛まれたり、引っかかれたり、舐められたりといった接触からの感染で引き起こされる。皮膚の化膿やリンパ腫膨脹、呼吸器症状、耳炎、副鼻腔炎などが主な症状である。

治療

パスツレラ菌に有効な抗菌薬の投与で治療していく。日和見感染といって健康な人はかかりにくい病気で、すべての人が感染するわけではない。

だが、たとえ愛犬であっても噛まれて皮膚に傷がついた場合には、オキシドールでよいのですぐに消毒を。その後、できるだけ早く病院へ行って抗生剤を処方してもらったほうがよい。

いつものことだからと放置しておくと、命に関わることもある。

真菌感染

真菌とはカビのこと。カビにも様々な種類があり、感染すると主に皮膚にトラブルを起こすことが多い。また、犬から人に感染することもあるので気をつけておこう。

●皮膚糸状菌（ひふしじょうきん）

症状

- 円形状の脱毛が見られる
- 脱毛の周りにフケが見られる
- 症状が進むにつれ、かゆみが出る

原因

皮膚糸状菌症（141ページ）に記載した通り、皮膚糸状菌と呼ばれるカビが原因で皮膚にトラブルを起こす。

感染した犬との接触や、土から感染するケースが多い。愛犬が発症した場合は飼い主にも感染するリスクが高まるため、注意が必要となる。

治療

皮膚糸状菌症と同じ。

●カンジダ

症状

- 増殖すると発熱、皮膚の多発性紅斑、出血斑が見られる
- 膀胱炎

原因

カビの一種であるカンジダは、犬の皮膚に常在している。子犬や高齢犬、病気の犬など、抵抗力が弱くなると増殖してしまう。犬で時折見られるのはカンジダ性膀胱炎がある。発症した場合は、なぜカンジダが出現したのか、その原因を考えなくてはならない。

人の場合、感染した犬との接触が主な感染源となる。症状も犬と同様、発熱、皮膚の多発性紅斑、出血斑などが見られる。

治療

症状に合わせた治療を行う。抗真菌剤を投与する他、薬用シャンプーを併用していく。

寄生虫感染

寄生虫は、体のどこに寄生するかによって大きく2種類に分かれる。体表面に寄生するノミ、ダニなどは外部寄生虫と呼び、体の中に寄生する回虫、フィラリアなどは内部寄生虫と呼ぶ。

●マダニ感染症(かんせんしょう)

症状

・貧血、発熱、食欲不振

・急性の場合は黄疸が見られ、衰弱して死に至る場合も

原因

家庭内に生息するダニとは違い、草木のある場所に生息する大型のダニがマダニ。哺乳類の皮膚に寄生すると、がっちりと噛み付いてぶらさがり、体が通常の100倍もの大きさになるまで吸血する。

人にも直接感染し、寄生もする。最近では「重症熱性血小板減少症候群(SFTS)」といわれる、ウイルスに感染したマダニに噛まれることで感染する感染症での死亡も報告されている。主な症状は発熱、全身倦怠感、消化器症状だが、高齢者は重症化しやすいといわれるので注意が必要だ。

治療

犬の体にマダニがついているのを見つけた際には、無理に取ろうとしないこと。マダニのアゴの部分が残り、化膿や腫れを引き起こす場合があるので必ず動物病院で取ってもらう。

治療には内服薬または外用薬による駆虫を行う。予防薬もあるので、あらかじめ予防しておきたい。

●ノミ感染症(かんせんしょう)

症状

・かゆみ、炎症

・脱毛が見られる場合も

原因

犬が感染するノミの主な種類は、イヌノミ、ネコノミが挙げられる。寄生したノミに吸血されることで、皮膚にトラブルを起こす。場合によってはノミアレルギー性皮膚炎(134ページ参照)を起こすこともある。

人にも感染し、犬の場合と同様にかゆみ、紅斑などの皮膚炎が主な症状となる。掻きむしることで傷口から細菌が入り、二次感染を起こす場合も。

治療

治療にはかゆみ止めなど内服薬や外用薬の他、炎症がある場合は炎症を抑える薬、ノミ駆除のための駆除剤を使っていく。二次感染を起こしている場合は抗生物質の投与なども行う。

定期的にノミの駆除予防薬を使用し、愛犬が過ごしている場所を清潔に保つことが予防につながる。

●フィラリア症

症状

- 元気消失、食欲減退
- 咳が出る、呼吸が苦しそうになる
- 進行すると腹部が膨らんでくる
- 興奮すると失神する
- 血尿、喀血

原因

フィラリア（犬糸状虫）は、蚊の媒介によって感染する寄生虫。犬の肺動脈や右心房に寄生することで、動脈硬化が起こり、心臓、腎臓、肝臓、肺などに影響を及ぼす。

一般的によく見られるのは慢性タイプだが、急性タイプもある。突然元気がなくなってぐったりし、血を吐いたり、赤褐色のオシッコが出たりしたあとに、1週間程で命を落としてしまう場合もある（詳しくは96ページ参照）。

治療

急性の場合は、緊急手術で心臓内のフィラリアを摘出することになる。慢性の場合は、駆虫薬で寄生したフィラリアを駆除する。いずれにしても、すでに血管や心臓などに受けた肺動脈高血圧症や右心不全などのダメージを回復させるのは難しい。

フィラリアはノミ、ダニと同様に予防薬を使うことであらかじめ防ぐことができる。蚊の発生時期は地域によって違いがあるので、投与期間はかかりつけの動物病院の指示に従うこと。

毎年投薬を始める際に、血液1滴でわかるフィラリア成虫抗原検査を必ず受けることが大切だ。

●内部寄生虫

内部寄生虫には、腸内に寄生する虫から、肺に寄生する虫、肝臓や腎臓に寄生する虫まで様々な種類がある（詳しくは152ページ参照）。

犬から人に移る可能性があるものが多く、人への感染経路はほとんどが経口感染である。定期的な駆虫と検便を行えば予防できるものが多いので、心がけておきたい。

主な内部寄生虫

寄生虫名	犬の症状	原因	人への感染経路	感染した場合の人の症状
犬回虫（いぬかいちゅう）	嘔吐、下痢、食欲不振	妊娠中の胎盤感染、感染犬の糞便から感染。生後4ヶ月以降の犬では成虫まで育たないが、犬が妊娠すると成長し、胎盤を通じて幼虫が胎児に感染	排泄物から経口感染	発熱、咳、筋肉痛、関節痛、倦怠感、肝障害、目に移行すると視力低下、脳へ移行するとけいれんなど
犬鉤虫（いぬこうちゅう）	腸組織の損傷による出血、貧血、消化器障害による下痢など	感染した犬の糞便からの経口感染の他、皮膚から体内に侵入する場合もある	排泄物から経口感染の他、皮膚から体内に侵入する場合もある	皮膚から侵入した場合、皮膚炎を起こす。下痢や鉄欠乏症を起こすこともある
鞭虫（べんちゅう）	腸組織の損傷による下痢や出血、嘔吐など消化器障害	感染した犬の糞便からの経口感染	排泄物から経口感染	下痢や嘔吐
糞線虫（ふんせんちゅう）	下痢、子犬の場合は発育不良、体重低下	感染した犬の糞便などから感染し、小腸や肺に寄生する。成犬では無症状の場合もあるが、子犬は命に関わる場合も	排泄物から経口感染の他、皮膚から体内に侵入する場合もある	下痢や嘔吐、皮膚から侵入した場合、皮膚炎を起こす
瓜実条虫（うりざねじょうちゅう）	下痢、糞便とともに排出される際に肛門周囲を気にしている、糞便に虫が混ざっている	瓜実条虫の幼虫に感染しているノミを媒介にして犬の体内に入り込み、寄生・成長する。犬は無症状のことが多い。	排泄物から経口感染	ほとんどが無症状だが、小さい子どもでは下痢や腹痛が見られる場合も
ジアルジア	下痢、嘔吐、食欲不振	感染した犬の糞便からの経口感染	排泄物から経口感染	下痢や嘔吐
コクシジウム	泥状あるいは水様状の激しい下痢、無症状の場合もある	感染した犬の糞便からの経口感染	排泄物から経口感染	人には寄生しない
エキノコックス	無症状	虫卵を含んだキタキツネの糞を野ネズミが食べ、その野ネズミを食べたキツネや犬が感染する	手などについた虫卵を経口摂取して感染	肝臓機能障害
ニキビダニ（P129）	皮膚の炎症、脱毛	健康な犬の毛穴に普段から寄生するダニ。免疫力の低下により増殖するとトラブルを起こす	乳児期の接触感染	皮膚の炎症、脱毛
疥癬（かいせん）（P129）	激しいかゆみ、脱毛	疥癬虫（ヒゼンダニ）に寄生している犬や虫卵との接触によって感染	接触感染	一時的な激しいかゆみ・脱毛。人には寄生しない
爪ダニ（つめだに）	フケ、かゆみ	イヌツメダニが寄生している犬との接触によって感染。成犬は軽症のことが多いが、子犬は重症化しやすい	接触感染	激しいかゆみ、痛み
東洋眼虫（とうようがんちゅう）	重度の結膜炎、涙が増える、瞬膜の炎症、目ヤニが多い	まぶたや瞬膜の裏側に寄生する線虫。メマトイという昆虫によって媒介される。涙や目ヤニを舐められることで感染する	接触感染	涙が増える、結膜炎、瞬膜の炎症、視力障害など

腫瘍

腫瘍は体のどこに発症してもおかしくない。

愛犬が腫瘍と判明した時の「腫瘍に対しての向き合い方」に加え、ボストン・テリアを飼ううえで知っておきたい腫瘍をまとめてみた。

腫瘍に対しての向き合い方

腫瘍とは

腫瘍には良性と悪性があり、悪性の腫瘍がいわゆる癌と肉腫である。

良性の場合は多くのものは命に別状はないが、中には悪性転化したり、良性でありながら悪性と同じような挙動を示すものもある。

悪性の場合は徐々に、あるいは急激に進行していくので、何らかの治療が必要となる。動物医療の発展で犬も高齢化が進み、それに伴って腫瘍の発生率も高くなってきている傾向がある。

一般的な診断方法

悪性腫瘍はその部位や種類によって症状や進行のスピードが異なり、また治療法は様々となる。同時に、診断にも様々な方法がある。

多くの場合は、犬に異常を感じてから動物病院へ連れていくというステップから始まる。

動物病院で問診、触診などを行った後、その場で行える検査（血液検査、X線検査、超音波検査など）を行う。この検査の目的は、①腹腔内腫瘍、胸腔内腫瘍を発見するため、②犬の全身状態を把握するため、③腫瘍を疑うしこりがあれば、大きさや内部構造を見るためである。

この段階で確定診断が出る腫瘍は、それほど多くない。さらに詳細な検査が必要となり、疑われる腫瘍の種類や症状の軽重によって異なってくる。

まずは、針生検検査を行うことが多い。針を刺すことが不可能な部位もあるが、採材できる場所ならほぼ行う。その後、採取した細胞の細胞診を行う。その場で診断できることもあるが、よりはっきりした結果や情報を得るために外部検査センターの病理診断医に依頼することも多い。

診断の結果、悪性あるいは悪性の可

腫瘍の大別

◆**上皮系腫瘍**
上皮細胞より発生する腫瘍

◆**間葉系腫瘍**
脂肪細胞や血管内皮細胞などの間葉系細胞から発生する腫瘍

◆**組織球の腫瘍**
皮膚などの組織球系細胞から発生する腫瘍

◆**造血系腫瘍**
骨髄内外で産出されるリンパ球などから発生する腫瘍

腫瘍の確定診断の一例

❶ 問診・触診
・いつ頃しこりに気づいたか、増えているか、など飼い主に質問。
・獣医師が体を触って全身を確認する。

❷ 血液検査・X線検査・超音波検査など
・その場で行いやすい検査を行う。

❸ 針生検検査・病理検査など
・細い針を腫瘍に刺して細胞を採る。
・腫瘍を少し切り取って、細胞の組織を採る。

❹ 病理診断医への判断依頼
・判断に困る場合に依頼する。

❺ ＣＴ検査・ＭＲＩ検査など
・設備のある病院で検査をする。

※あくまでも一例であり、動物病院によって方法は異なります。

能性との結果が得られたならば、転移の有無や広がり具合をＣＴ検査やＭＲＩ検査で調べるため、これを備えた病院に予約して検査することとなる。

　また、体表の腫瘍であれば、腫瘍のほんの一部を切り取って病理検査を行うことも多い。結果が出るまでに3～7日を要する。

　これらの検査を適宜行ったうえで、病名とステージを確認し、治療へと進んでいく。

早期発見、早期治療に努めたい

　外科的治療で腫瘍を完全切除できるのであれば、その方法がよい。

　摘出した腫瘍はもう一度病理検査を行い、完全に摘出されているか否か、すでに転移している可能性があるか否かを調べる。

　最終的な病理診断の結果も合わせ、今後の治療法を選択していく。

　他に抗癌剤治療、放射線治療などがあり、単独あるいは組み合わせて治療を行っていく。

治療法の選択

　悪性腫瘍は進行すると、治療の効果が現れないこともある。そうなると改善の望みは限りなく小さくなってしまう。そうならないためには、早期発見が重要となってくる。

　犬の体調管理や日頃の様子を観察することで、わずかな異常に気づける可能性は高くなる。また、皮膚などの腫瘍は、日々のマッサージなどで発見できるケースも少なくない。

　しこりを発見したら、すぐに診察を受けてほしい。「米粒大で発見できていたのに、愛犬が痛がらないから様子を見ていたら、あっという間にこんなに大きくなってしまった」という飼い主も多い。そうなると、すでに手遅れというケースも少なくない。

　疑われるような症状があり、少しでも不安に思ったのであれば、獣医師の診察を受けたい。早期発見できれば早期治療を行うことができ、大事に至る前に処置できる可能性は上がる。

リンパ腫 …りんぱしゅ

症状

・リンパ節の腫れ　・食欲不振
・呼吸困難　・下痢、吐き気　・発熱

原因

全身のリンパ節、リンパ組織、肝臓や脾臓など臓器に由来するリンパ系細胞の腫瘍。原因として遺伝性も考えられているが、高圧電線鉄塔の近くで生活している家庭や、産業廃棄物の廃棄場近くを散歩する犬には、あきらかにリンパ腫が多いといわれている。

ボストン・テリアでは**6歳以降の壮年から老齢の犬に発症例が多い。**

リンパ腫は多中心型、胸腔型、消化器型、皮膚型に大別され、犬では多中心型が80%を占める。咽喉頭リンパ節が肥大化してくると咽頭、食道、気管などを圧迫し、呼吸困難を引き起こすこともある。

治療

膝裏の膝窩リンパ節や股間の鼠径リンパ節、そして下顎リンパ節などが腫れている症例では、**腫れているリンパ節の針生検を行う。**腹水や胸水が溜まっている症例では、それらを採材して細胞診を行う。腸や肝臓、脾臓などに異常が見られた場合には、それらの針生検を行い診断していく。

さらに血液検査やX線検査、超音波検査などで全身状態を把握しておく。リンパ腫と診断されたら、**各種の抗癌剤を組み合わせる多剤併用療法で治療を進めることが多い。**リンパ腫の種類によっては別の治療法を行う。

治療の効果はリンパ節の腫れの程度で確認できるので、飼い主にもわかりやすい。

犬の主なリンパ節の位置

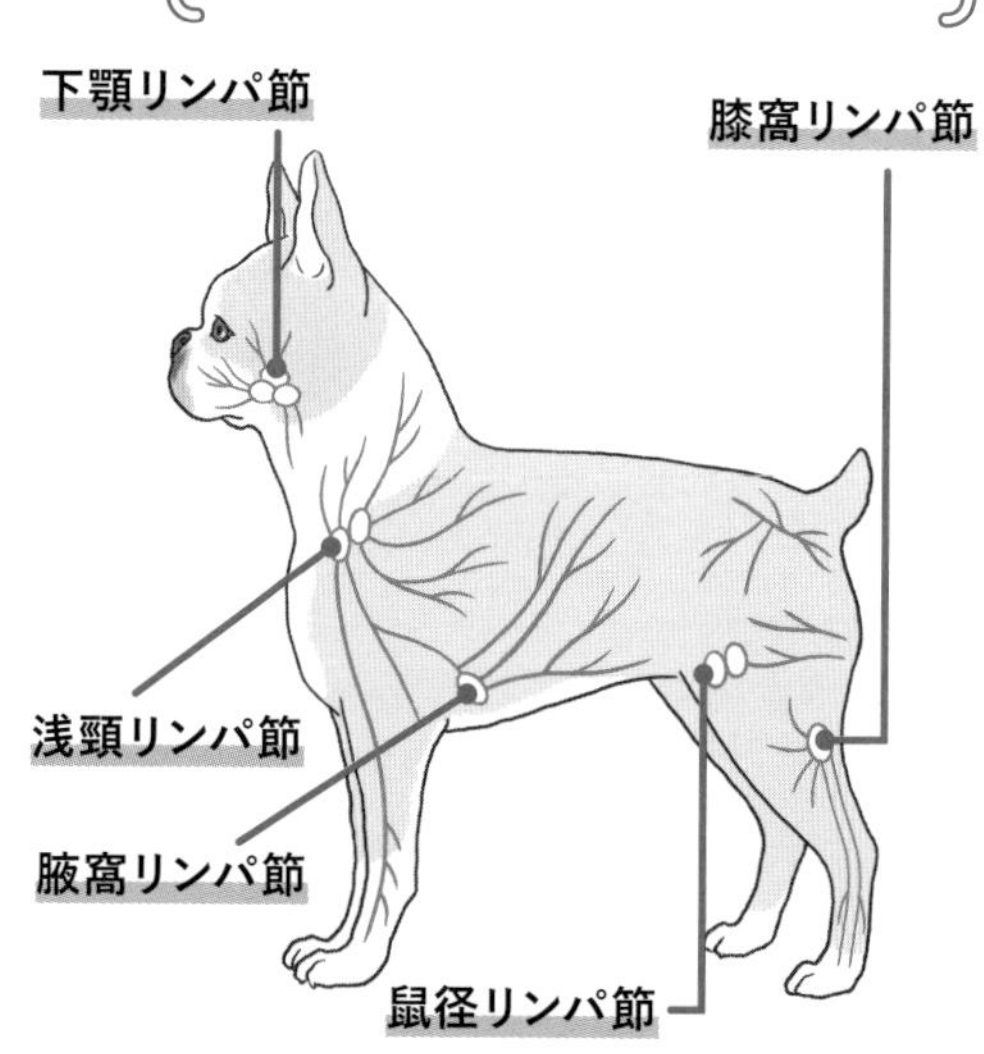

リンパ節には、リンパ液に入り込んだ細菌やウイルスから体を守る働きがある。犬の体の主なリンパ節は5ヶ所になる。

肥満細胞腫

…ひまんさいぼうしゅ

症状

・皮膚にしこりができる
・肝臓、脾臓にしこりができる
・しこりを中心に皮膚が赤くなることがある
・吐血や血便が見られることがある

原因

全身の様々な場所に発症する腫瘍。**皮膚や肝臓、脾臓にでき、腫瘍の大きさは様々。単独で発生することもあれば、多発することも。**胃潰瘍を起こすことでもよく知られている。肥満細胞腫の細胞質に含まれる顆粒にヒスタミンというストレス物質が入っていて、顆粒が破裂するとヒスタミンが過剰に放出され、胃潰瘍の原因になる。

他の皮膚腫瘍とは区別がつきやすく、針生検で診断できる。**グレードが高いほど悪性度が高く、6ヶ月程度で死に至ることもある。**

脾臓や肝臓への転移はよくあるが、肺に転移することはほとんどない。

治療

外科的に切除する方法が一般的。肥満細胞腫は境界が不明瞭なので、広さも深さも、距離を大きくとって広範囲に切除する。その後、放射線治療を行うことも多い。グレード1は摘出するだけでよいが、グレード2以上はステロイドや抗癌剤、分子標的薬等の内科的治療を選択する。

悪性度が高い腫瘍なので、早期発見が重要。飼い主が日々のマッサージなどで犬の皮膚をチェックする習慣をつけることが望ましい。

皮膚組織球腫

…ひふそしききゅうしゅ

症状

・赤いドーム状の腫瘍ができる

原因

犬の皮膚にできる腫瘍で、人間や他の動物には同じような特徴を持つ腫瘍が発症しない。そういった意味で犬だけの病気といえる。また、他の腫瘍は高齢犬に発症しやすいのに比べ、皮膚組織球腫は若い犬に発症しやすい。ミックス犬よりも純血種に、またメスよりもオスに多く発症する。

全身どこにでも発症し、真っ赤なイチゴのようなドーム状の皮膚腫瘍ができる。ほとんどは単独で、急速に直径1～2㎝程度まで成長するのが特徴。**多くは自然に小さくなる良性腫瘍だ。**

治療

針生検による細胞診で皮膚組織球腫と診断されたら、**多くは経過観察となる。**犬が舐めたりかじったりしそうな場合は、外科的に摘出することも。

血管肉腫・骨肉腫・軟部組織肉腫

……けっかんにくしゅ・こつにくしゅ・なんぶそしきにくしゅ

症状

・皮膚に腫瘤（こぶ）が確認できる
・貧血、お腹が張っている（血管肉腫）
・跛行（骨肉腫）

原因

犬に多い肉腫には、血管肉腫と骨肉腫、軟部組織肉腫があるが、他にも多種の肉腫が存在する。いずれもボストン・テリアでの発症は多くはないが、知っておくべき悪性腫瘍である。

血管肉腫は血管が存在する場所すべてで発症する。とくに脾臓や肝臓、心臓、皮下織の発症例が多い。

骨肉腫は主に四肢の骨に発症し、足の痛みが持続する。X線検査で確認できる時には、すでにかなり進行していることが多い。

軟部組織肉腫は主に皮下組織に柔らかめのしこりを作る。脂肪腫と誤診されて放置され、悪化させてしまうことも。針生検で早期診断が可能だ。

治療

血管肉腫は破裂する危険性が高く、腫瘍が破裂して腹腔内出血を起こし、救急搬送されることも多い。そのため針生検は行わず、超音波検査で肝臓や脾臓のしこりを確認する。摘出した腫瘍の病理検査で確定診断を行う。治療は外科的に摘出する他、放射線治療を併用することも。また、転移しやすいので術後に抗癌剤治療を行う。

骨肉腫は、CT検査で比較的早期発見できる。激しい痛みを緩和するために断脚を選択する場合が多い。

軟部組織肉腫は、早期に拡大切除手術を行うことで根治できることもあるが、かなり深く浸潤しているケースも多いので、無計画に安易な摘出手術を行ってはならない。

発育の速い小さなしこりを発見したらできるだけ早く検査を受けること。肉腫の疑いがあるならCT撮影を行って手術範囲を決めるほうがよい。

扁平上皮癌

…へんぺいじょうひがん

症状

・皮膚、口内、鼻の中などのしこり、ただれ　・出血

原因

耳や鼻の中、指の先、口内に発生しやすい悪性腫瘍で、しこりを作るタイプと潰瘍を形成するタイプがある。はっきりした原因は不明だが、紫外線や外傷など長期間にわたる刺激も原因のひとつとされる。高齢犬や白毛の犬に発症例が多く、腫瘍は容易に骨に浸潤するため、顔の形が変わってしまうことも多い。

口腔の粘膜にできたものは表面がもろくて出血しやすく、進行すると顎の骨やリンパ節に転移する可能性がある。とりわけ**舌の根元と扁桃に発症した腫瘍は転移しやすい**。

治療

耳端や指に発症したものは病変部を切除する。口腔内、鼻腔内などに発症した場合は、完全切除できないため放射線治療を選択する。歯肉に腫瘍がある場合、抜歯処置を行うと一気に重症化するケースがあるので注意が必要。

完全摘出が難しい部位に発症することが多く、進行が比較的遅いため、犬にとってつらい状態が長く続く。

悪性黒色腫

…あくせいこくしょくしゅ

症状

・出血　・ヨダレが出る
・口臭が強い

原因

粘膜、皮膚にできる悪性腫瘍で、メラノーマともいう。とくに舌や口蓋、粘膜など口腔内に発生するものは悪性度が高い。原因ははっきりしないが、歯周病との関連が示唆されている。

初期では無症状が多いが、進行して腫瘍が大きくなると、ヨダレが出やすくなったり出血があったり、食べ物の摂取に支障をきたすようになる。

非常に悪性度が高く、急激に大きくなるうえに、**発見時にはすでにリンパ節や肺に転移していることも多い**。

治療

かなり初期段階で摘出しない限り、経過はよくない。外科的治療で病変部を切除するが、病変部だけでなくその周囲も含めて広めに切除する。放射線治療なども併せて行う場合もある。

転移する可能性が非常に高く、予後もあまり良くない悪性腫瘍なので、歯磨き時に口腔内をチェックして早期発見に努めることが重要である。

甲状腺腫瘍 …こうじょうせんしゅよう

症状

・頸部に腫瘤（こぶ）ができる
・呼吸困難　・顔面が腫れる
・嚥下困難　・高カルシウム血症

原因

甲状腺腫瘍には良性・悪性があるが、**発見されるほとんどが悪性の甲状腺癌**である。浸潤性の強い癌で、リンパ節や肺、肝臓に転移しやすい。かなりの確率で両側の甲状腺に発症する。

治療

発症すると多くは高カルシウム血症を起こすので、高カルシウム血症の鑑別診断で発見されることもある。**外科的に切除することが最良**だが、腫瘍の大きさや浸潤によって放射線治療などと組み合わせて治療する場合もある。

甲状腺を摘出する場合は、**術後に甲状腺ホルモン剤を投与し続けなければならなくなる**。また、定期的にホルモンの定量検査も行っていく。

治療に効果があっても、**転移する可能性が非常に高い**悪性腫瘍なので、継続的な検査も必要となる。

アポクリン腺癌 …あぽくりんせんがん

症状

・肛門周囲が腫れる　・便秘
・便が平らになる　・多飲多尿
・食欲不振　・後ろ足の痛み
・高カルシウム血症

原因

肛門嚢内のアポクリン腺という汗腺にできる悪性腫瘍。肛門内に発生すると発見が遅れやすく比較的進行もゆるやかなため、**発見時にはすでに腰窩リンパ節に転移していることが多い**。

進行すると転移した腰窩リンパ節の腫大による排便障害や、骨浸潤による後肢の痛みをともなうことも多い。

肛門腺を絞り出す際に、しこりや出血で気づくことも多い。この癌を発症している犬は高カルシウム血症が見られることも多く、高カルシウム血症の鑑別診断から発見されることもある。

治療

視診や直腸検査で腫瘤を発見する。高カルシウム血症がある場合は二次的に神経や筋肉、胃腸、腎臓、心臓にも障害が起こる可能性があるので、その症状を抑えるための治療を行う。

CT検査を行い、どの程度腫瘍が浸潤しているかで手術適応か判断する。

治療では、**外科手術によって腫瘤切除とともに、転移した腰窩リンパ節の減容積を行う**ことで、比較的長期間生存できるケースもある。いずれにしても早期発見のため定期的な健康診断を。

肛門周囲腺腫・肛門周囲腺癌

……こうもんしゅういせんしゅ・こうもんしゅういせんがん

症状

・肛門周囲に腫瘤ができる

原因

ともに**肛門周囲の皮膚に腫瘤ができる病気。肛門周囲腺腫は良性の腫瘤**であるため、深部への浸潤や転移を起こすことはほとんどない。しかし、腫瘤が増大すると、表面が自壊して出血しやすくなってしまう。

肛門周囲腺癌は非常に珍しい悪性腫瘍ではあるが、深部への浸潤性が強く、潰瘍化した腫瘤となりやすい。進行すると腰窩リンパ節や腸骨リンパ節に転移し、肝臓、腎臓、肺などに転移することがある。腫瘤が大きくなりすぎると排便ができずに、命に関わるため早急の対応が必要。

肛門周囲腺癌も肛門周囲腺腫も男性ホルモンが関与しているので、**未去勢のオスにかなり多い**が、避妊したメスにも発症することがある。

治療

いずれの腫瘍も生検を行い、病理診断を行う。病理検査にて肛門周囲腺癌と診断されたならば、CT検査を行い、転移の状況を調べる。

この癌は腫瘍の**直径が余命に関係している**ことが知られており、明らかな転移を認めない腫瘍の**直径が5㎝未満であれば余命24ヶ月**といわれている。

そのため積極的な摘出手術を行う。

腫瘍の**直径が5㎝以上の場合は余命12ヶ月**といわれている。放射線療法を行って腫瘍の直径を小さくしてから摘出手術を行うと、余命の伸びる可能性がある。すでに遠隔転移している場合は余命7ヶ月といわれる。

肛門周囲腺腫はホルモンの影響を受けているため、小さな腫瘤の場合には去勢手術だけで消失することもある。しかし、1㎝以上の腫瘍の場合には外科手術で腫瘤を摘出し、去勢も行うことで再発を防ぐ。

愛犬の身近にある

中毒の原因

有名なタマネギやチョコレート以外にも、犬には中毒症状を引き起こしかねない危険な食べ物、植物が数多くある。ここではとくに注意しておきたいものを紹介する。

1 危険な食べ物

調理中に落としたものや、子どもの食べこぼしにも注意。

ネギ・タマネギ類

ネギやタマネギの中に含まれる「アリルプロピルジスルフィド」は犬の体に吸収されると、赤血球を破壊する。一度に大量に破壊されると溶血性貧血を起こし、最悪の場合は死に至る。

主な症状
- 貧血を起こしてふらつく
- 血尿・血便　・下痢　・嘔吐
- 歯茎や目の粘膜が白くなる　など

ココア・チョコレート類

ココアやチョコレートの原料になるカカオには「テオブロミン」が含まれている。人間には問題ない成分だが、犬には嘔吐やけいれん、発熱、心臓発作などを引き起こす可能性がある。飲料だけでなくココアパウダーもＮＧ。

主な症状
- 嘔吐　・けいれん　・発熱
- 心臓発作　など

ブドウ・レーズン類

なぜ中毒を起こすのか原因ははっきりしていないが、犬が摂取すると、嘔吐、下痢、食欲低下などが認められ、急性腎不全を引き起こす。生のブドウの果肉だけでなく、レーズンやブドウの皮も同様に危険。

主な症状
- 嘔吐・下痢
- 重篤な腎臓の障害　など

コーヒー・緑茶類

「カフェイン」が入っているコーヒー、紅茶、緑茶、烏龍茶、コーラなどは、すべて犬に有害。カフェイン中毒を引き起こす可能性がある。最悪、死に至る場合も。コーヒーや紅茶のパウダーやこれらを含むお菓子にも注意が必要。

主な症状

・過度の興奮　・大量のヨダレ
・下痢・嘔吐　・けいれん　など

キシリトール類

キシリトールは人工甘味料。犬が摂取すると「キシリトール中毒」を引き起こし、激症肝炎を発症する可能性がある。机の上のガムやキャンディーを食べてしまった、歯磨き粉を舐めてしまった、などに注意。

主な症状

・嘔吐・下痢　・ぐったりしている
・低血糖症　・黄疸（肝不全）　など

マカデミアナッツ

原因は不明だが、犬が食べると中毒症状が出る。マカデミアナッツはケーキやクッキーなどに使われることも多いので、合わせて注意しておく。

主な症状

・嘔吐　・けいれん　・発熱
・足に力が入らなくて立てない　など

ぎんなん

ぎんなんは人間でも食べ過ぎると中毒が起きてしまう食べ物。犬も同様で含まれる「メチルビリドキシン」がけいれんやてんかん発作を起こすとされる。散歩中、好奇心旺盛なボストン・テリアが落ちているぎんなんを食べてしまわないように注意しておきたい。

主な症状

・呼吸が荒い　・不整脈
・けいれん、てんかん発作

・嘔吐・下痢　など

2 身近にある危険なもの

何気なく置いたものに犬が興味を惹かれることもある。

人間用の薬、サプリメント

飼い主が飲んでいる薬やサプリメントに興味を示す犬は少なくない。中でも、甘くコーティングされた糖衣錠は喜んで食べてしまうことが多い。しかし、薬に含まれる成分によっては命取りになるので要注意。

主な症状

・胃炎や胃潰瘍が多いが、薬によって様々な症状が出る

ネイル除光液

ネイルの除光液は、化粧品の中でも揮発性と毒性が高いもの。蒸気を吸うだけで嘔吐や頭痛を引き起こすことがある。粘膜に付着すると炎症を起こす。犬が同じ空間にいる場合は扱わないほうがよい。

主な症状

・嘔吐　・頭痛　・ふらつく
・皮膚の炎症　など

タバコ

含まれる「ニコチン」によって中毒症状が出る。まだ吸っていないタバコよりも吸い殻を水に入れた状態のものを口にしてしまうと、吸収が早くて危険。吸い殻が浮かんだ水もＮＧ。

主な症状

・嘔吐・下痢　・呼吸が速くなる
・過度の興奮　・大量のヨダレ　など

殺虫剤・防虫剤

「ホウ酸」を大量に含むゴキブリ用殺虫剤や、「パラジクロロベンゼン」を含む防虫剤は、中毒症状を起こす可能性が高い。ありがちなのが置き型殺虫剤を食べてしまうこと。犬の目線・動線を確認して設置したい。

主な症状

・嘔吐・下痢　・大量のヨダレ
・けいれん　・過度の興奮　など

香水・化粧品

香水には「アルコール」、化粧品の一部には「過ホウ酸ナトリウム」が含まれていて、これらが犬に中毒症状をもたらすことがある。ハンドクリームや日焼け止めを塗った手を犬が舐めないようにも注意したい。

主な症状

・嘔吐　・ぐったりしている
・食欲が落ちた　など

観葉植物

部屋のインテリアとして人気の高い観葉植物だが、犬にとっては有害である場合も多い。ボストン・テリアの場合、好奇心から葉っぱをかじったり、時に根っこを掘り返したりして、有害物質を口にしてしまう可能性もある。植物の種類と摂取量によって中毒症状は異なるが、嘔吐や口腔内の激しい炎症などを引き起こすことが多い。

観葉植物を購入する前に、安全性を確認すること。犬が届かないところに飾る、近寄れないようにするなど、物理的な防止方法を考えること。

代表的な観葉植物

・アイビー……口腔内炎症、大量のヨダレ、喉の腫れ、嘔吐など
・ディフェンバキア……口腔内炎症、喉の腫れ、嘔吐など。大量に摂取す

ると腎不全を引き起こす

・ドラセナ（幸福の木）……嘔吐、食欲低下、大量のヨダレなど

3 外にある危険なもの

散歩が大好きなボストン・テリアだからこそ注意しておきたい。

除草剤

除草剤には犬の体にとって強い毒性を持つものもある。草を食べたり舐めたりして体内に入るだけでなく、皮膚からの摂取や、空中に漂う薬剤を吸収してしまう場合も。散布の時期には散歩コースで行われていないか確認を。

主な症状

・嘔吐・下痢　・けいれん

・過度の興奮　・血便　など

毒性のある動物

人間同様、犬もハチに刺されたりムカデに噛まれたりすると、腫れやかゆみ、炎症などの中毒症状が出る場合がある。犬によってはアナフィラキシーを起こす可能性もあるので、すぐに動物病院に診てもらおう。

ボストン・テリアでは少ないが、ヒキガエルを見つけてついくわえてしまって中毒症状を起こすケースも報告されている。ヒキガエルは身を守るために強力な毒液を皮膚や耳下腺から分泌する。その毒素が犬にとって有害となり、口腔内を腫らしたり、嘔吐・下痢を引き起こしたりする。虚脱や発作、運動麻痺などの症状が出ることも。

ヒキガエルがいた水を飲むだけでも中毒が起こるので注意したい。

また殺鼠剤を食べたネズミを口にして中毒を起こす二次被害もある。

毒性のある植物

観葉植物同様、街路樹や花壇の草木にも有害なものはある。庭で遊んでいる時に花壇の有害な花を食べてしまう、あるいは掘り返して球根を食べてしまう、などの危険は十分に考えられる。ここでは庭や公園、花壇でよく見かける植物を紹介する。

代表的な植物

・アサガオ　・アザレア
・アジサイ　・アセビ　・イチイ
・オシロイバナ　・カラー
・キキョウ　・キョウチクトウ
・クリスマスローズ　・シクラメン
・シャクナゲ　・ジンチョウゲ
・スズラン　・ソテツ
・チューリップ　・パンジー
・フジ　・ユリ　など

気になる症状から

病気を調べる

飼い主が感じやすい愛犬の違和感を症状別に分類し、代表的な病名を挙げてみた。ひとつの症状だけでは判断できないので、『愛犬がいつもと違う』と感じたら必ず動物病院で診てもらおう。

歩き方がいつもと違う

跛行する・立ち上がりにくい
（痛みがある）

関節炎、股異形成
前十字靭帯断裂
半月板損傷
股関節脱臼
膝蓋骨脱臼
馬尾症候群
変形性脊椎症
骨折

つまずく、よろめく、ふらつく

前庭障害
脳腫瘍、小脳疾患
失明
貧血（免疫介在性、出血性、腎不全などによる）
てんかん焦点発作

足を引きずる・立てなくなった
（痛みを感じられない）

環軸脱臼
椎間板ヘルニア
馬尾症候群
血栓症
筋炎

食欲がない・食欲が増える

水を飲む量が増える

糖尿病
慢性腎不全
副腎皮質機能亢進症
子宮蓄膿症
心因性

食が細い・食べ物に興味がない

水頭症
門脈体循環シャント
心臓奇形
慢性胃炎
顎関節症
緑内障
脳腫瘍

ヨダレが多い

口腔内異物
口内炎・舌炎
歯周病
食道炎
誤飲・誤食

食べているのに痩せる

慢性心不全
慢性肝炎
慢性腎不全
膵外分泌不全
慢性腸炎
タンパク漏出性腸症
悪性腫瘍

食欲が異常に増える

副腎皮質機能亢進症
脳腫瘍
心因性

日頃から
気をつけてね

※食欲は健康のバロメーター。内臓の異常、免疫の異常、関節の異常など、上記の病気以外でも、体に不調を感じると食欲が落ちる（もしくは異常に増える）ことがほとんど。いつもと違う、と感じたら動物病院に相談を。

嘔　吐

水を飲んでも吐く

尿毒症、胃癌
急性胃腸炎
副腎皮質機能低下症

食欲もなく吐く

胃壁を傷つける胃内
異物、胃潰瘍
胃癌、腎不全
尿路結石などによる
尿毒症、急性膵炎
パルボウイルス感染症

食欲はあるが吐く

胃炎、急性胃腸炎
食道拡張症
胃壁を刺激しない
胃内異物
胃酸分泌過多
胆石症・胆泥症

下痢・便秘

下痢を繰り返す

慢性胃腸炎
タンパク漏出性腸症
会陰ヘルニア
食物アレルギー
ウイルス感染、
細菌感染、内部寄生虫
消化管腫瘍

水様便が出る

腸閉塞
パルボウイルス感染症
コロナウイルス感染症
ジアルジアやコクシジ
ウムなどの原虫感染

血便

大腸炎
出血性胃腸炎

便が何日も出ない

単なる便秘
会陰ヘルニア
前立腺肥大
骨盤骨折

原因も
様々だね

オシッコがいつもと違う

オシッコが出ていない

急性腎不全、会陰ヘルニア
急性膀胱炎、尿路結石
尿管・尿道閉塞
前立腺肥大

オシッコの回数・量が増えた

慢性腎不全
尿路結石や細菌による膀胱炎
子宮蓄膿症
副腎皮質機能亢進症
糖尿病、心因性

排尿時に鳴く、痛そうなそぶりを見せる

膀胱炎
尿路結石による
尿道閉塞
前立腺炎

血尿が出る

細菌性膀胱炎
尿路結石、膀胱癌
ネギ中毒
前立腺炎・前立腺癌、
腎臓性出血
免疫介在性溶血性貧血

オシッコのにおいが強くなった

細菌性膀胱炎
胆管閉塞

体のにおいがいつもと違う

耳が臭い

外耳炎・中耳炎
耳孔腺過形成・耳孔腺癌

口が臭い

歯周病、口内炎・舌炎
消化器の障害、尿毒症

皮膚の色がいつもと違う

皮膚が黄色い

肝臓障害
胆道閉塞

紫斑がある

免疫介在性血小板減少症

皮膚にブツブツがある

膿皮症
ノミ刺咬性皮膚炎

皮膚が赤い

膿皮症
ニキビダニ症
皮膚炎
アレルギー

かゆがる・脱毛がある

毛が異様に抜ける

アトピー性皮膚炎
慢性肝炎
副腎皮質機能亢進症
疥癬
マラセチア性皮膚炎

フケが見られる

脂漏性皮膚炎
表皮小環
（浅在性膿皮症）
皮膚糸状菌症
爪ダニ

つねにかゆがっている

アトピー性皮膚炎
食物・ノミなどの
アレルギー
疥癬、感染症
脂漏症
肝臓障害

呼吸音がいつもと違う

咳をしている

気管虚脱
気管支炎
肺高血圧症
フィラリア症
心不全
ケンネルコフ

いびきがひどい

軟口蓋下垂

ゼイゼイと音がする

咽喉頭麻痺
軟口蓋下垂
気管の異常
肺炎

目の様子がいつもと違う

瞬きがうまくできない

ドライアイ
緑内障による牛眼
顔面麻痺

白目が赤くなっている

結膜炎
角膜炎
緑内障
ドライアイ

眼振が起こっている

前庭障害

瞳の色がいつもと違う

緑内障
（緑がかって見える）
網膜剥離（茶色や赤黒く濁って見える）
眼内出血（赤く見える）

目をショボショボさせる

角膜炎
緑内障

目は
キラキラだよ

急激に痩せる・むくむ

体が全体的にむくむ

アレルギー、心臓の異常
消化器の異常
ネフローゼ症候群、肝不全
悪性腫瘍に伴うリンパ管閉塞

急激に痩せる

急性胃腸炎
腎不全、肝不全
心不全、悪性腫瘍

その他の症状

発熱している

多発性関節炎
ウイルスや細菌などの
全身感染症

失神する

心臓系の異常
不整脈
脳・神経系の異常
多血症

けいれんが起こる

てんかん
腎不全などによる
尿毒症
低血糖・低カルシウム
脳腫瘍
心臓系の異常
膵臓炎、狂犬病
ジステンパー

元気がない、いつもより動かないと感じたら……

人間と同じようにボストン・テリアも不調を抱えていると、いつもより元気がなくなったり、動きが鈍くなったりする。元気がないと気づいたら、食欲はあるか、嘔吐はしていないか、便や尿の様子に異常はないか、体を触って痛がるところはないか、体に腫れやむくみがないか、確認しよう。異常が見つかったらすぐに動物病院へ。病気の早期発見につながる。

こんな症状は迷わず動物病院へ！

命の危険に関わる緊急性の高い症状をまとめた。
すぐに動物病院に連絡して指示を仰ぐこと。

■呼吸が苦しそう

酸素がうまく取り込めていない可能性がある。脳やすべての臓器に影響が出てしまう。

■嘔吐と下痢が1日以上続く

1、2回で治まらず1日以上、下痢と嘔吐が続くと膵臓炎や中毒など命に関わる可能性が。様子を見ず動物病院へ。

■オシッコが半日以上出ない

尿路結石、腎不全などで排尿障害が起きている可能性が。尿毒症を起こすと危険。

■突然立てなくなった、歩けなくなった

脳や神経障害の可能性がある。ボストン・テリアは神経系の病気も少なくないので、すぐに動物病院に連絡を。

■便が1週間出ない

犬は本来、便秘とは無縁の生き物。便が出ないなら腫瘍や大腸の障害などの可能性が。

■けいれん発作が治まらない

通常、けいれんは数分で治まるもの。それが1日2回以上続くなら、動物病院に相談を。

■タール状の真っ黒な便が出た

寄生虫、ウイルス感染、消化器腫瘍など、様々な理由で胃腸に出血が起こっている可能性がある。

■中毒物質を飲み込んだ、触れた

162～165ページで紹介したような中毒物質を口にしたら、待たずにすぐに動物病院へ電話して指示を仰ぐ。

■吐瀉物に血が混じっている

胃内異物、重度血小板減少症、肥満細胞腫などによる胃潰瘍、胃癌、食道炎などが考えられる。すぐに病院へ。

■ぐったりしていて動かない

すぐに動物病院へ連絡して指示を仰ぐ。夏場は熱中症の危険もある。

病名索引

監修：野矢 雅彦 先生

ノヤ動物病院院長。日本獣医畜産大学卒業後、1983年よりノヤ動物病院を開院。
ペットの診察·治療をはじめ、動物と人とのより良い関係づくり、動物にやさしい医療をめざして、ペット関連書籍の監修·執筆も多く手がけている。
著書に『犬の言葉がわかる本』（経済界）、『犬と暮らそう』（中央公論新社）、監修に誠文堂新光社の「犬種別 一緒に暮らすためのベーシックマニュアル」シリーズ、など。
ノヤ動物病院
埼玉県日高市上鹿山143-19
TEL：042-985-4328　http://www.noya.cc/

STAFF

企画・進行　ボステリスタイル編集部
テキスト　野中真規子、溝口弘美、上遠野貴弘、小室雅子、金子志緒、伊藤英理子
写　真　佐藤正之、中川真理子、日野道生、斉藤美春、奥山美奈子、森山 越、田尻光久
デザイン　岸 博久（メルシング）
イラスト　山田優子

いちばん役立つペットシリーズ

ボストン・テリア版 家庭犬の医学

2023年6月20日　初版第1刷発行

編　者　ボステリスタイル編集部
編集人　東條 魁
発行人　廣瀬和二
発行所　株式会社 日東書院本社
〒113-0033　東京都文京区本郷1-33-13　春日町ビル5F
TEL：03-5931-5930（代表）　FAX：03-6386-3087（販売本部）
URL：http://www.tg-net.co.jp/
印刷・製本所　図書印刷株式会社

ISBN978-4-528-02406-9 C2077